混合使用的演艺建筑

Mixed-Use Buildings for Performing Arts

彭相国　著

中国建筑工业出版社

图书在版编目（CIP）数据

混合使用的演艺建筑／彭相国著． —北京：中国建筑工业出
版社，2015.5
ISBN 978-7-112-17971-8

Ⅰ.①混…　Ⅱ.①彭…　Ⅲ.①剧场－文化建筑－研究－世界
Ⅳ.①TU242.2

中国版本图书馆CIP数据核字（2015）第060526号

责任编辑：徐晓飞　张　明
责任校对：张　颖　刘梦然

混合使用的演艺建筑
彭相国　著

*
中国建筑工业出版社出版、发行（北京西郊百万庄）
各地新华书店、建筑书店经销
北京嘉泰利德公司制版
北京中科印刷有限公司印刷
*
开本：787×1092毫米　1/16　印张：12¾　字数：240千字
2015年10月第一版　2015年10月第一次印刷
定价：38.00元
ISBN 978-7-112-17971-8
　　　　　（27193）

序

当前我国处于文化复兴时期，戏剧创作与演出市场日渐繁荣。同时，房地产业的快速发展也拉动了演艺设施的建设，在近十几年内，全国新建成的演艺中心性质的大剧院就多达数十座。大剧院建设热潮是我们国家经济和文化领域发展的一个缩影。但是在这一过程中所出现的盲目投资、兴建标准虚高、运营入不敷出以及造成空置、闲置等问题更加需要社会各界特别注意。演艺建筑在当今的社会活动中应该如何定位？演出活动是否存在客观的营利困难？新建演艺建筑该做出哪些变化来应对这种现象？我国的演艺建筑应该朝那个方向发展？这些问题在该书中都进行了仔细的剖析并做出回应。

首先，关于当前我国演艺建筑的经营困境已经有多种角度的解释和探讨。该书没有局限于既往研究中对于功能空间合理性与经济性的思维范式，尝试以经济学相关理论作为分析工具，对演艺建筑使用和管理进行剖析，明晰其营利困难的客观性。这一观点具有较为重要的理论意义。

新中国成立初期，现代化的剧场设计和建设几乎一边倒地学习欧洲大陆国家，尤其是民主德国的"品"字型舞台剧场，而对英语世界的剧场研究有所欠缺。演艺建筑作为建筑的一个重要类型其发展随着社会物质文化水平的提高，已经呈现出诸多发展趋向，其中混合使用就是 19 世纪以来西方演艺建筑发展的一种新模式。因此，作者明确指出我国演艺建筑的建设应该引入混合使用的概念，这一思路体现出建筑及其修建模式对市场变化的适应性反馈。由于我国对这种混合使用的演艺建筑认识尚有不足，其空间功能的定位、空间组成、设计原则和运营机制还有待研究和梳理，但不能否认它已经成为演艺建筑发展的一个重要现象和尝试。作者通过对西方演艺建筑发展历程的回顾，分析和解释了混合使用模式出现的背景、机理和特征。在此基础上作者从产业模式、空间特征和城市价值三个角度，对混合使用的演艺建筑展开广泛而深入的讨论。进而基于对国内几个建成项目的分析，总结了我国当前演艺建筑采用混合使用模式建设所面临的问题，并提出了若干具体的建议，其看法具有现实意义。

该书的作者彭相国对剧场建筑有着浓厚的兴趣，于 2007 年跟随我攻读博士研究生并参与了清华大学百年会堂的设计工作。其在建筑学、城市规划学的基本知识较为扎实，并对国内戏剧界情况、剧场建筑的优缺点情况相当熟悉，又对国内剧场的调查研究下了很大的功夫，向国内该领域专家颇多请益。这本书便是彭相国博士论文的提炼与扩展。全书内容适合我国当前国情，立足国内突出问题，研究成果具有可行性，具有积极学术价值，适合城市管理者、建筑师及地产开发人士参考。

李道增

2014 年 12 月

前　言

① 这里的"大剧院"模式借鉴于清华大学建筑学院卢向东教授在其著作《中国现代剧场的演进——从大舞台到大剧院》中对20世纪90年代末以来我国剧场建设模式的概括，指的是以美国演艺中心模式为基础的，将歌剧院、音乐厅、戏剧院等多种功能组合或其中部分功能组合，形成统一建筑体量的多个剧场的集合。

以 20 世纪末期上海大剧院落成和 21 世纪初期国家大剧院建设为开端，我国开始了一轮演艺建筑建设热潮。尤其是党的十六大和十七大以来，我国对文化产业重视程度日渐提高，现代演艺建筑建设在数量和质量上堪称突飞猛进，迅速缩短了与西方国家在演出硬件设施方面的差距。然而，近年来国内部分新建的演艺建筑盲目效仿"大剧院"模式①，而且部分面临经营困难。这不仅为地方财政增添压力，增加人们欣赏舞台艺术的开销，也不利于我国文化产业的科学、良性发展。针对这一现象，建筑学领域既往的研究更倾向于节约的思路，即关注空间与功能的适宜性以降低演艺建筑运营成本。本书引介艺术经济学中生产力滞后的观点，肯定了表演艺术营利困难的客观性。进而引入混合使用概念，作为我国演艺建筑良性发展的一种可以借鉴的思路。

当前西方国家演艺建筑混合使用已有广泛实践，形成一种独特的趋向。因此，本书着重对西方演艺建筑混合使用趋向进行剖析。笔者首先梳理了西方演艺建筑的历史演进过程。欧洲大陆的剧场自希腊、罗马时代就常与神庙、角斗场等功能相结合。之后，在皇家供养的资金支持体系下，剧场功能逐渐独立。美国剧场延续了英国剧场注重营利性的特点，于 19 世纪末开创了混合使用这一新的建筑模式。笔者在前人研究的基础上分析了当代西方演艺建筑混合使用的产生原因，即城市、演艺团体、地产开发三者利益共赢是当代演艺建筑混合使用趋向形成的根本动力。基于这三者之间的关系，形成了本书进一步的研究视角，即产业模式、空间策略以及城市价值。

本书另一部分专注于我国演艺建筑混合使用的发展策略研究。混合使用一直是我国传统商业剧场的主体模式，但是在近代思潮影响下逐渐消失。新中国成立初期，多种功能混合的、兼具剧场功能的会堂建筑大量兴建。之后的改革开放为演艺建筑商业化、娱乐化奠定了基础。这使得与商业结合的剧场重新回到人们视野。当前，我国已经有了一些演艺建筑混合使用开发的实践。针对我国现实国情，笔者对我国推进演艺建筑混合使用发展，从国家政策、城市法规和项目开发三个层面提出了多方面的建议。希望通过本书的分析和介绍，为我国当前演艺建筑开发与设计提供一些参考。

目　录

第 1 章

绪　论

1.1 研究背景

1.1.1 文化产业发展的时代背景

全球社会、经济、政治的变化，改变了传统商品生产和服务的条件。在这种新的经济形态中，文化变得越来越重要。首先，文化功能的扩张与社会从传统产业形态向服务业转化密切相关；其次，生活方式的变化和空闲时间的增加使人们对包括文化在内的休闲娱乐活动的需求大大增加了（Wulf Mathies，1996）。

1999年10月，在意大利佛罗伦萨会议上，世界银行提出："文化是经济发展的重要组成部分，文化也将是世界经济运作方式与条件的重要因素。"（中宣部文化体制改革和发展办公室，2005）这标志着经济与文化在不断接近以后开始走向融合甚至重合，一种新的经济形态——"文化经济"（Cultural Economy）——正在迅速崛起。例如2000年的悉尼奥运会使澳大利亚的经济整体受益。^① 近年来，美国的文化产业^②也飞速发展，2009年共创造产值2784亿美元。伴随着文化产业的崛起，其从业人数也与日俱增。仅在世界影都好莱坞所在的洛杉矶，从事电影制作和发行的企业共有4767家，雇佣人员17.6万，平均每家企业雇用84.6人，居各行业之首（刘海燕，2011）。

改革开放以来，我国步入全面现代化的进程。在经济方面，我国经济虽然实现高速发展，但发展模式较为粗放。社会经济发展到一定阶段之后，会自然地将重心转移到服务、信息、知识等第三产业。近年来，以科学发展观为代表的一系列国家发展思路及时把握时代脉搏，对过去粗放式的发展进行纠正。文化体制改革也在这一背景下受到广泛重视。文化事业、文化产业的健康发展不仅是科学发展观在文化领域的重要实践，也是改变经济增长方式的重要组成部分。从近十几年来，中共中央全会对文化发展的历次部署，就鲜明地反映出我国文化产业发展的过程：

1996年10月10日中国共产党第十四届中央委员会第六次全体会议通过了《中共中央关于加强社会主义精神文明建设若干重要问题的决议》，提出："要积极发展社会主义文化事业，满足人民群众日益增长的精神文化需求；……深化文化体制改革，增强文化事业的活力。""有计划地建成国家博物馆、国家大剧院等具有重要影响的国家重点文化工程。"^③ 自此，我国文化发展揭开新的篇章，逐渐回归本体规律。

1997年，中国共产党第十五次全国代表大会提出："只有两个文明都搞好，才是有中国特色社会主义。"并颁布《营业性演出管理条例》。

---

① 2000年夏季奥林匹克运动会在澳大利亚的悉尼召开。据报道，世界上11家著名大公司向奥运会提供了约6.5亿美元，以换取广告权等权利，全世界有1.5万名国际企业的经理人员到悉尼观看奥运会，在悉尼的各项开支高达30亿美元之多。电视转播费收入达到了创纪录的14.8亿欧元，体育场馆的上座率高达91%，门票收入达到4.88亿欧元，此外，奥运会的派生产品（如运动衣和奥运小旗）销售额达到2.59亿欧元，而悉尼的旅馆业和餐饮业客人爆满，主要旅馆和饭店入住率高达98%。

② 日本学者日下公人在《新文化产业论》一书里把文化产业划分为三类：（1）生产与销售以相对独立的舞台形式呈现的文化产品，如书籍、报刊、雕塑、影视等产品；（2）以劳务形式出现的文化服务行业，如戏剧舞蹈的演出、体育、娱乐、策划、经纪业等；（3）向其他商品和行业提供文化附加值的行业，如装潢装饰、形象设计、文化旅游等。

③ 1996年10月10日中国共产党第十四届中央委员会第六次全体会议通过《中共中央关于加强社会主义精神文明建设若干重要问题的决议》，其中关于表演艺术、演艺建筑发展内容部分摘录。

2000 年，十五届五中全会，中央文件中第一次出现发展文化产业的字样。①

2002 年，十六大，中央首次提出要进行文化体制改革。"发展文化产业是市场经济条件下繁荣社会主义文化、满足人民群众精神文化需求的重要途径。完善文化产业政策，支持文化产业发展，增强我国文化产业的整体实力和竞争力。"

2005 年，《营业性演出管理条例》颁布。同时，文化部出台了《营业性演出管理条例实施细则》，这些政策是促进剧场向产业化发展的必要基础。

2007 年，十七大提出："深化文化体制改革，发展文化产业"，并提出"在政府引导下发挥市场机制积极作用，培育骨干文化企业和战略投资者，鼓励和引导非公有制经济进入。"

2010 年国务院关于鼓励和引导民间投资健康发展的若干意见（即"新36 条"）明确鼓励民间资本参与演艺活动发展及相关设施建设。

2011 年，"十二五"规划鼓励和支持非公有制经济进入文化领域。"深化文化体制改革，完善扶持公益性文化事业、发展文化产业、鼓励文化创新的政策，营造有利于出精品、出人才、出效益的环境。坚持把发展公益性文化事业作为保障人民基本文化权益的主要途径，加大投入力度，加强社区和乡村文化设施建设。大力发展文化产业，实施重大文化产业项目带动战略。"②

可见，我国已经越来越重视文化在社会发展中的作用。然而，由于过去长期以来我国更加注重文化产品的社会和教育功能，而忽视了文化产品的商业属性，虽然近十年来，相关政策法规已经开始推动文化产业化发展，但总体来说对这方面的研究和投入还需要更大力度。

1.1.2　当前我国演艺建筑发展的现实问题

演艺建筑是为人们提供休闲、娱乐、精神享受和社交的艺术殿堂。演艺建筑的蓬勃发展是经济发达、文化繁荣、社会文明的标志。历史上一座座著名的剧院，如斯卡拉大剧院、巴黎歌剧院、纽约大都会歌剧院等，无不代表着不同国家、不同历史时期的文化形象。在当今社会，剧场因其公共文化服务职能，承担着远远超出舞台职能之外的艺术创新、艺术普及和艺术教育的使命。应该说，它不仅是艺术作品最终实现的场所，也是国家综合实力的体现。因此，很多国家都十分重视剧场的建设、维护和发展。

新中国成立以来，我国早期剧场主要模仿、借鉴西方现代化剧场设计模式。剧场的现代化主要集中在舞台机械、灯光、音响等技术的现代化。并且随着几个五年计划的完成，国家经济实力得到显著恢复，政府主导下的剧场建设广泛展开。全国范围内建设了一批以"品"字型舞台为特征的剧场。从

① 2000 年，《中共中央关于制定"十一五"规划的建议》于 2005 年 10 月 11 日中国共产党第十六届中央委员会第五次全体会议通过。

② 2011 年，《中共中央关于制定国民经济和社会发展第十二个五年规划的建议》部分内容摘录。

① 所谓"大剧院模式"是指21世纪初国家大剧院建成后，各个地方在观演建筑建设中，对国家大剧院这种演艺中心模式的模仿或简化。在主体功能构成上，往往以歌剧院、音乐厅、戏剧院、"黑匣子"剧场为基础，依自身条件增减。空间形式上常以一个屋盖覆盖各个功能空间形成整体形象。

新中国成立至改革开放初期，我国建设的演艺建筑主要以单一建筑空间多功能适用为特征，建筑功能不仅包括常见的戏剧演出、音乐会、舞蹈等艺术表演，很多还兼有大型会议功能。

改革开放以来，计划经济体制向市场经济体制转型极大地促进了生产力发展。在重视中央的宏观调控能力的同时，地方财政实力和灵活度获得提升。这使得各地方政府也有能力建设高水平的剧场建筑。

在这一背景下，20世纪90年代以上海大剧院为开端，我国开始了大规模演艺建筑建设的热潮。例如广州歌剧院、郑州大剧院、杭州大剧院等。在部分经济发达地区，剧场建设已经延伸至地级市，如绍兴大剧院、青岛大剧院、温州大剧院等。这些演艺建筑属于公共财产，政府投入比例大，商业投入很少。

另一方面，一些私人投资的小剧场也逐渐活跃。进入新时期，社会文化发展受政治性因素的直接影响越来越小。使得关注城市生活、充满先锋思想的小剧场戏剧取得较大发展。如2004年北京朝阳区文化馆改建的多个小剧场群，包括TNT小剧场、小梨园剧场、后SARS剧场等，2008年在南锣鼓巷附近的蓬蒿剧场、北剧场、中戏黑匣子剧场、安徒生剧场等形成的小剧场群，上海以安福路为中心的安福路小剧场、永乐咖啡小剧场等。

可以说，近年来我国演艺建筑建设，呈现出勃勃生机，取得了丰硕的成果。然而，在建设量繁荣的表象下也存在着一些问题。

1.1.2.1 剧场模式单一而盲目

纵观当前我国各地政府主导投资建设的大剧院，在功能模式上形成单一的、独具中国特色的"大剧院模式"。① 演艺建筑由于其标志性的文化意义，在城市之间的文化竞争中，成为重要的棋子。但当前各地的大剧院热潮，并不是源于演艺产业的兴旺，而是来自于各地政府的推动。政府投资兴建这些大剧院，目的多是改善城市形象，推动城市文化建设。各个地方城市只要经济条件允许，纷纷争先恐后地立项建设。

这一目标随之而来的是行政部门对设计的过分干预，这种干预多集中在对建筑外形的要求。尤其是在方案投标阶段，部分设计人员为了在竞争中胜出，往往采用"房中房"的手法突出建筑标志性，即不管内部功能有几个独立剧场，都采用一个大屋顶覆盖，以形成较大体量并满足各种象征性。例如：月亮、石头、古琴、舞裙等等。这种手法很多时候为了追求造型需要，忽视与内部功能空间的联系，形成巨大的无用空间，造成建筑结构、空调能耗、照明能耗等方面巨大的浪费。

很多地方剧场建设中由于缺乏专业经验，设计前缺乏专业、详细的建筑策划，在设计任务书制定中仿效国家大剧院模式。某些经济发达的县、市，甚至在没有专业歌剧、戏剧演出团体的条件下，剧场建设仍以歌剧院、音乐厅、戏剧院三厅结合的大剧院模式建设。这些剧场舞台机械方面往往投资巨大，甚至背离演出市场需求。设备大多采用国际先进标准，硬件设施赶超欧美的新型剧场，片面求大求全而不考虑实际应用效果。诚然，先进的硬件设施是艺术素质熏陶与培养的基础，然而过度超前的硬件设施建设必然造成巨大的经济浪费并且事倍功半。

1.1.2.2 剧场经营困境普遍存在

演艺建筑经营的一个重要基础，在于功能模式要与演出模式相对应。如场团合一剧团与出租制过路剧团对剧场硬件设施的要求的差异就十分巨大。我国当前大量建设、使用的现代剧场是由对西方剧场的学习、模仿中来的。然而，在这一过程中有些内容学习的不够完全。中央戏剧学院李畅教授[①]在谈到新中国成立初期北京建设的现代化剧场时表示："我在20多岁的时候去欧洲学习一年多，回国后我们开始建设天桥剧场、首都剧场。当时我们也浅薄在只看到欧洲船坚炮利，你有什么船我也做什么船。剧场建了以后才发现，没戏可演。这时我们才发现演出体制没有学来。"

欧洲当时的演出体制，不管是苏联还是西欧资本主义国家，大多是采用保留剧目制或场团合一制。这是从欧洲大陆的宫廷演出演变出来的一种体制。与之对应的是英、美等国的以商业盈利为目的的剧场。[②] 这也直接形成了剧场建筑的差别：保留剧目制剧场往往规模很大，是因为一出戏就在一个剧场演，不用搬家。演出规模大小是按照剧场来设计的，因此永远都非常合适。我国当前只有少数大剧院有自己的驻场团，大多数剧团都需要流动到别的场地演出。巡回演出就需要带大批乐队或录音片、演员、舞台工作人员，还有大批布景。到新的场地装台一般需要花费2、3天，而这段时间不能演出。北京人民艺术剧院一年也仅能演200场左右，比欧洲少的100场演出时间都拿来装台浪费掉了。演出量的减少带来了票价的提高，而面对昂贵的票价，消费者光顾的机会就更小。这就造成国内当前很多大剧院经营困难。

私营剧场也面临着多种生存困境。目前，虽然文化产业在中国受到越来越多的关注，市场化运作也开始进行了初步的尝试，取得了一定的收效。但我国的文化产业化基础还不成熟，对剧场等文化设施的定性还没有明确，相关的规定与法律体系还不完善，尚未形成宏观的文化产业化环境。因此，在这种相对无序的文化市场的前提下，尚没有合适和充足的政策支持小剧场的发展。因此优秀的私营剧场目前极其有限，难以培养出固定的观众群，也没有合适和有效的观众来源。这使得剧场经营者的处境十分艰难。

此外，税收、房租、贷款，是当前小剧场戏剧人公认的三座大山。经营

① 李畅（1929.11—）1949年毕业于南京国立戏剧专科学校。历任中央戏剧学院舞蹈团、中国青年文工团舞台设计师、图书馆长，中央戏剧学院舞台美术系教授。著作有《清末以来北京剧场》，舞台设计有《桃花扇》、《原野》、《大雷雨》等。

② 欧洲大陆的宫廷演出最早出现的时候主要服务于王公贵族，不对普通市民阶层开放，并且宫廷剧院的建设出资以及剧团的开销都有皇家供养。随着时代的发展，一些剧院先后向普通市民开放，但目前仍然有为数众多的欧洲大陆剧院由资助人资助。而英国早期部分剧院及受其影响的早期殖民地剧院更倾向于面向普通市民并获取商业收益。

者不仅要缴纳房产税，还要按照商业和娱乐业的标准缴纳高额的营业税。但这些小剧场的经营者有的为了实现戏剧社会责任的理想，仍然在困难中坚持经营。例如，北京蓬蒿剧场是王翔自己出资120万元改造而成，王翔在接受记者采访时表示："我一分钱不想收回，也不可能收回。蓬蒿剧场对80%以上的演出剧目不收取任何场租，此后每年的成本支出需要50万元，票房收入只能有20万~30万元。做10年自己要贴补300万元。"（杨雪，2010）私营剧场没有政府的建设投入和运营补贴，虽然经营者煞费苦心，自身努力压缩成本，仍然举步维艰。

1.1.3 "开源"与"节流"的思考

对于演艺建筑的经营困境，不同身份的人有不同的看法。经营者往往觉得演出成本高涨，场地租金、水电费、演员待遇、布景制作等等都需要花费越来越多的钱。这钱除了政府补贴，只能通过提高票价来赚取。而观众却觉得看演出票价太贵、难以负担，更使得一幕幕精心准备的节目门可罗雀。

既往建筑学角度的思路常常是针对建筑功能空间不合理造成的浪费现象提出批评。例如：对于剧场规模合理性的思考；对于剧场设施尤其是全面采用"品"字形舞台合理性的思考；对剧场在城市空间布局以及交通便利合理性的思考；对运营和建筑功能空间契合的思考，如场团合一、巡演制；对建筑造型片面求新、求怪造成空间浪费和能源浪费的思考等等。这些思路非常正确，因为不论演艺建筑是否需要财政补贴，减少浪费、增加利用率都是必要的、良性的。

这种思路有个显著的特征，可以称之为"节流"。因为其关注的主体在于演艺建筑本身，或者提高其营利能力，或者降低其日常开销，总之是降低政府财政负担。本书的研究更倾向于"开源"。要降低政府财政支出，少花钱是一种思路，请别人替自己花钱也是一种思路。正是在此基础上，形成了本书引介混合使用概念的初衷，即以产业间互助为表演艺术提供资金支持的思路。

1.2 混合使用概念的引入

在当前文化经济的世界环境下，演艺建筑的建设和运营已经不仅仅是单个剧团自负盈亏，依靠优质的表演来吸引观众进而获得报酬那么简单。文化经济时代的文化产品，有着自己的生产、流通、消费特征。深入剖析这些新的规律，并实施于目标文化产品中去，才能与时代同行。通过前文对于我国当前演艺建筑现状的描述，不难发现我国大量演艺建筑的开发和经营模式仍然较为单一。因此，本书尝试引入混合使用（Mixed-Use）①的概念，作为我国演艺建筑发展的一种新的思路。这种方式在西方国家已有一些实践，在我国还处于起步阶段，仅有少量项目尝试。

1.2.1 混合使用相关概念界定

1.2.1.1 混合使用（Mixed-Use）和混合使用开发（Mixed-Use Development，MXD）

自 1920 年代以来，功能分区的规划方式在很多国家推广，城市被分成不同分区，各种类型建筑被设置于各个不同的分区里。然而，当就业、住房和商业活动被束缚在特定的区域的时候，各功能区之间彼此联系的交通负担增加了许多。人们发现在过分强调商务功能的城市街区中，非办公时间的活力瞬间消失。这使得人们开始思索如何丰富街区功能，以提升街区 24 小时活力。

混合使用就在这种背景下应运而生，指的是利用建筑、建筑布局或邻里关系的一种多功能结合的使用模式。这种模式避免了不同功能建筑孤立的状态，各种功能之间形成合作的关系，不仅可以共享诸多设施和资源，还可以在各个功能之间取长补短。常见的是将城市中商业、办公、居住、酒店等城市生活空间的多项功能进行组合，并在各部分间建立一种相互依存、相互助益的关系，从而形成一个多功能、高效率、复合而统一的建筑群或建筑综合体。通过混合使用的模式，项目往往能产生更高的附加值。在规划层面，这可能意味着居住、商业、工业、办公或其他用地的综合利用。这种混合使用的概念作为分区方式与传统的相对单一的功能分区有着显著的差别。"二战"以后，混合使用的思想逐渐被接受。及至 20 世纪后期，这种思想在西方发达国家已经得到广泛认可。

混合使用开发（Mixed-Use Development，MXD）的概念是由美国城市土地协会（the Urban Land Institute，ULI）在 1976 年出版的《混合使用开发：土地使用新途径》（*Mixed-Use Development: New Ways of Land Use*）首先提出，书中定义如下：

"混合使用开发指的是规模相对较大的地产项目，并具有如下特征：具有三种或更多的能产生大额税收的用途（比如零售、办公、居住、酒店或汽车旅馆、休闲等，它们规划良好，相辅相成）；项目构建的重要用途及客观世界的有效整合（从而集约地使用土地），包含无干扰人行通道连接区；项目开发与条理清晰的计划相一致（这样的计划通常会规定土地使用的类型与规模、允许的用途，以及相关事项）。"可以看出，这个定义表达的是对地产项目的一种开发类型的描述。

① 关于"Mixed-Use"一词，学界有多种译法，典型的有"混合使用"、"混合功能"、"混合用途"、"多用途"以及"混用""复合化"。

① BOMA（Building Owners and Managers Association International，国际建筑业主和经理协会），ICSC（International Council of Shopping Centers，国际购物中心协会），NAIOP（National Association of Industrial and Office Properties，全美工业及写字楼物业协会）和NMHC（National Multi Housing Council，全美多元房屋协会）。

一个较新的定义是迈克尔·P·尼米拉（Michael P. Niemira）通过对近年来美国四个主要开发者协会① 的调研提出的，他认为："混合使用开发是一个综合策划零售、办公楼、餐饮、宾馆、娱乐或其他功能联合体的房地产项目，是以步行导向的，包含生活、工作、娱乐环境元素。它使空间利用最大化，并缓解了交通和城市的蔓延。"（Michael，2007）这个定义比ULI的定义内涵更加丰富，对混合使用项目并没有提出一个不少于三个用途的先决条件。这一新的定义也没有限制项目创收的内容，这两个变化是对混合使用特点的传统看法的一个进步。

另外，混合使用和混合使用开发这两个概念有不同的侧重点。混合使用经常指的是某种兼容性土地和空间功能的混合状态。而混合使用开发则更多地指通过有目的地对空间和物质进行改造，从而导致兼容性土地和空间用途的混合状态的过程。

1.2.1.2 演艺建筑混合使用的概念界定

以下对本书研究目标——演艺建筑混合使用作几个角度的描述和界定，以明晰目标特征。

（1）功能层面

通常的混合使用项目多以零售、酒店、居住、办公等功能为主体。本书研究演艺建筑混合使用，强调对一种包含演艺功能的、多种功能相混合现象的描述；并且演艺功能是整个项目中的主导功能或重要环节。

（2）空间层面

演艺建筑混合使用项目在空间特点上可以是灵活多样的。可能是综合体型的庞大单体建筑，也可能是由单体剧场、单体办公楼等建筑组成的建筑群体。

（3）资金层面

项目中除演艺功能之外的部分功能需要有独立营利能力，并且在整个开发或者演艺功能运营过程中，对演艺功能有资金方面的支持。

在混合使用的模式中，开发商和演艺团体是双赢的。对于开发商而言，纳入演艺空间能提升开发价值、提高场所感、为建筑注入活力、增加24小时的活动循环，而这些正是混合使用开发之所以成功的关键因素。对于表演艺术团体而言，混合使用开发能够提供充足的资金来源和优质的城市区位。而更好的区位也是保证艺术实现社会价值的前提。因此，通过表演艺术的介入，可以使得整体项目在运营过程中，实现1+1>2的盈利以及多方面社会效益。

在西方发达国家，将演艺建筑融入混合使用的项目有相当长的历史。美国早在19世纪末的芝加哥大礼堂建设中，就实现了演艺建筑与酒店、写字楼混合使用的方式。虽然当时还没有完整的混合使用开发理念，在项目构思中，投资者仅从盈利角度考虑而选择了这种开发方式。1939 年的洛克菲勒中心及其附属的无线电城音乐厅则更为成熟，是这种方式的知名之作。

1.2.2 相关范畴的区分

1.2.2.1 与功能混合（Mixing of Uses）的区别

本书中的功能混合概念，主要描述一种多个功能空间集中在一起的现象，与混合使用相区别：首先，功能混合项目没有明确的对演艺功能部分的财务支持。演艺功能只是作为一个有关的功能列入其中；其次，在项目构思阶段，功能混合项目没有综合考虑各功能之间的产业结合，没有形成有条理的、一体化的思路。因此，本书中对于一些演艺建筑历史发展中，演艺功能和其他功能结合在一起的现象，采用功能混合一词来表达。

对于功能混合概念的界定同时也可以作为区分建筑类型之用。现实生活中，有许多包含演艺建筑的建筑群或建筑综合体。通过前文的描述，可以对一些相近的建筑类型加以区分。以下几种典型建筑类型不属于本书研究范围：

（1）公益性市民中心

市民中心这类建筑在国内外都较为普遍，旨在满足社区多方面文化诉求。叫法也十分多样，如群众艺术馆、文化馆等。在建筑空间上，往往以建筑综合体、建筑群体的形式出现。在功能组成上，主要包括剧场、音乐厅、图书馆、会议室，有些包括一系列文、体相关设施，如游泳馆、绘画、艺术展览馆等等。市民中心在很多国家属于城市公共文化服务设施，采用公益性运作。这类建筑虽然功能混合，但彼此没有利益援助，不属于本书研究对象。

（2）"大剧院"

当前我国各个发达地区建设的"大剧院"其建筑功能模式与美国的演艺中心（Center for the Performing Arts）概念有相似之处，一般指那些由多个功能独立并且专用于歌剧、戏剧或音乐演出的观众厅组成的建筑或建筑群。"大剧院"的主体都是歌剧院、音乐厅和戏剧院等这样同质性的演艺功能组成，即使包括展览、零售等功能，也是小范围的，仅是对主体演艺功能的完善，也缺乏商业与艺术之间的互利共赢关系。

（3）演播厅

传统演播厅建筑往往与电视台这样的传媒机构比邻兴建，为节目制作、大型演出录制提供场地，使用频率不高。近年来，演播厅建筑呈现出多功能倾向。通过复杂的可变舞台机械，如可伸缩的灯光系统、活动舞台、活动座椅等，以提高使用效率并满足多种使用功能。这种建筑组合的形式看起来也接近本书的研究对象。然而由于其功能和目标观众群体有一定指向性，在产

业关系上以从属关系为主。尤其是当前广播电视产业化的过程中，制播分离的概念影响下，演播厅与电视台逐渐呈现分离趋势。因此，此类建筑也不在本书研究范围内。

1.2.2.2 与多功能（Multi-Use，Multi Purposes）的区别

剧场建筑的多功能现象较为普遍，例如常见的多功能剧场既能够用于歌剧、戏剧演出，也能够召开会议、进行其他文艺演出。虽然在一个空间内从事多种活动极具经济性，但这往往是以牺牲声学效果为代价的，即所谓多功能就是无功能。

与多功能剧场对应的可称为"专业剧场"，指完全针对一种演出功能设计的建筑，例如交响乐音乐厅、室内乐音乐厅、歌剧院等等。演艺中心模式更是将几种专业厅堂结合在一起，既可以让消费者在一地解决多种类型演出的"频道切换"，也可以保证各类演出的高质量，当然代价非常昂贵。

在混合使用项目中，演艺功能可能是多种类型的，可以是多功能剧场、专业的交响音乐厅，也可以包含多个演艺建筑单体，甚至可以纳入整个演艺中心作为演艺功能单元。

1.2.2.3 营利性（Commercial Arts）与非营利性（Nonprofit Arts）

非营利演艺团体往往拥有政府的财政支持，因而在利润追求方面的经营压力相对于营利性演艺团体为轻。然而，非营利性演艺团体的社会责任更为艰巨，往往承担着扩展公共文化服务的作用。因此，非营利性演艺团体需要使其作品能够最大限度地吸引观众。艺术家对自己的职业都怀有使命感，被吸引的观众越多，他们就越能实现自己的艺术追求和社会价值。表演者显然更愿意在台下座无虚席，而非冷冷清清的情况下进行表演。另外，这类组织的成员都拥有一种典型的信念，即认为艺术本身就是美妙绝伦的，是社会必不可少的，并因此应当在最广大的观众面前进行表演。

然而，即使是最狂热的艺术企业家，也不能忽视经济现实性。因此，他们所追求的数量和质量目标，都要受到企业生存条件的约束，即从长期来看，企业的收益必须能够补偿其成本。将数量目标、质量目标以及预算平衡的约束这三者结合起来之后，索思比（C. David Throsby）和威瑟斯（Glenn A. Withers）对非营利部门表演艺术企业的动机得出以下结论："在适当的时间周期内，公司会试图达到观众规模的最大化，并在票房同其他来源的收入总和足够弥补其成本的约束条件下，上演一定量符合其自身质量标准的节目。"（Throsby etal，1979）[15]

因此，基于以上动机，不难看出非营利剧场与营利剧场都需要座无虚席的观众。非营利性剧场和营利性剧场都不会拒绝其他外界资助，以及通过空

间关系得以延伸的观众群。

1.2.3　基于混合使用研究的主要目的

一方面是本源性研究的探索。建筑的混合使用不仅仅是一种功能模式，其背后的主导力量是一种经济关系。相对商业建筑混合使用开发的研究已经较为成熟，而对于演艺建筑混合使用的特征、模式等研究较为匮乏。演艺建筑的混合使用方式发展，不仅是城市集约化发展的客观要求，也是演艺产业结构转型、开发商利益诉求、大众观演消费行为转型等多方面合力影响的结果。因此，演艺建筑混合使用发展的本源性剖析是本书研究的一个重要目标。

本书研究的另一目的，旨在解决我国当前演艺建筑发展中诸多建设模式所共同面对的财务负担问题。在当前全球文化经济浪潮和我国文化产业化的背景下，从研究表演艺术产业的价值规律和产业特色入手，通过分析发达国家演艺建筑混合使用模式案例，以阐释演艺建筑混合使用的诸多方面问题，进而为我国演艺建筑发展提供新的思路。我国现代演艺建筑与传统演艺建筑存在相当的割裂。现代演艺建筑以模仿西方为主。这种模仿的盲目性，也造成了当前我国演艺建筑发展中存在的一系列问题。因此，本书在揭示演艺建筑混合使用根源的基础上，提出我国演艺建筑混合使用的发展策略。顺应演艺产业化的转型政策对建筑设计提出的新要求，为工程实践提供参考。

1.3　全书主要内容

演艺建筑的发展与表演艺术行业的发展有着密切的关联。绪论部分首先对当前国际文化产业化大环境和我国文化产业化过程作一概述。当前我国演艺建筑建设成绩显著，然而，产业模式单一与经营困境等问题也普遍存在。因此，本书尝试引入混合使用概念，作为演艺建筑良性发展的一种可以借鉴的思路。

全书整体上包括两个部分：

第一部分（第二至六章）是对西方演艺建筑混合使用开发趋向的剖析。

第二章是一个历史性回顾。首先对西方演艺建筑的历史演进过程进行梳理，自希腊、罗马时代，剧场形成的原初形态就是基于神庙依托的，甚至形成了娱乐综合体和剧场区的雏形。之后欧洲大陆的剧场在皇家供养的艺术制度下逐渐独立。而英、美两国由于艺术制度的不同又走上一条与欧洲大陆的剧场全然不同的发展道路，演艺建筑混合使用雏形就此奠定。

第三章至第六章是对当代西方演艺建筑混合使用发展的解析性研究。

第三章从城市发展历程、表演艺术产业特征、地产开发部门利益需求三个方面入手，揭示当代西方演艺建筑混合使用的产生原因和相关利益主体的推动力量。认为城市、演艺、开发部门三者利益共赢是当代演艺建筑混合使用日趋活跃的根本动力：城市可以向开发机构提供有利的土地和政策，而城市需要表演艺术提振城市活力；表演艺术受阻于生产力滞后需要资金援助，而健康发展的演艺业可以为城市带来诸多好处，也可以为周边产业带来消费人群；地产开发部门需要土地和大量的人群，同时可以为表演艺术注入资金。

以上城市、演艺、开发部门两两之间的关系，形成了进一步研究的重点。

演艺与开发的关系指向了演艺建筑混合使用的产业模式。因此，第四章结合相关经济学理论，分析演艺产业与其他多种产业（如零售、办公、居住、旅游等）相混合的产业关系和特色价值。对于产业模式，本书分为协同、价值链、集聚三种模式。同时产业的区分也意味着建筑功能的分类。

城市与开发部门之间的关系指向了空间策略。因此，第五章通过相关案例，从城市选址、尺度与功能空间关系、外部空间营造三个方面，提出当代演艺建筑混合使用的空间策略。

演艺与城市的关系指向了演艺建筑混合使用的城市价值。因此，第六章研究演艺产业、演艺建筑的混合使用开发对城市经济发展、城市吸引力、历史街区保护三方面的助推作用。

第二部分（第七章）专注于我国演艺建筑的发展研究。

从神庙剧场到酒楼剧场及会馆剧场，功能混合一直是我国传统演艺建筑的主体模式。及至清末，在社会改良思潮影响下，传统剧场形式被西方现代剧场全面取代。新中国成立以后，在文艺政治化观念影响下，许多重点建筑中呈现出多种功能混合的、兼具剧场功能的会堂、礼堂建筑。改革开放为演艺建筑商业化、娱乐化奠定了基础，与商业结合的剧场重新回到人们视野。当前，我国已经有了一些演艺建筑混合使用开发的实践。

在以上研究的基础上，吸收发达国家成功经验，本书对我国推动演艺建筑混合使用发展提出了策略和建议。首要的是国家对表演艺术的政策支持，表演艺术对于全社会有着独特的贡献，作为公共品，应当受到政府支持。其次，讨论了我国城市规划相关政策法规目前有一定不适应性。最后，针对演艺建筑混合使用项目开发特点，探讨了开发方面的一些要点。

第 2 章

西方演艺建筑演进中的功能混合现象

从人类社会发展来看，早期的聚落和建筑就是多种功能相混合的。这一方面是由于防御的需求。早期人类聚落规模有限，为了抵御野兽侵袭和外敌入侵，需要将不同功能的建筑集中建设。另一方面是由生产力决定的。将居住空间、生产空间、精神空间等等相结合，不仅使得物质生产便捷，也可以通过精神纽带强化集体归属感。

在西方建筑发展过程中，多种建筑功能混合在一起修建的现象有着悠久的历史。古罗马的公共浴场就是一种规模庞大的综合体建筑。著名的卡拉卡拉浴场（Caracalla-Grundriss，图 2-1）和戴克里先浴场（Thermae Diocletiani）都是将诸如运动场、图书馆、音乐厅、演讲厅、商场等功能组织在浴场中，形成包含多种功能的建筑群。古希腊城市的世俗中心——阿索斯广场（Assos）也是一例，广场建有神庙，两侧有大尺度、高两层的作为商业用途的敞廊。阿索斯广场是市民生活的中心，人们从各地聚集到这里，一边进行买卖，一边谈论各种新闻，还可以举行歌咏比赛和公开演说等活动。

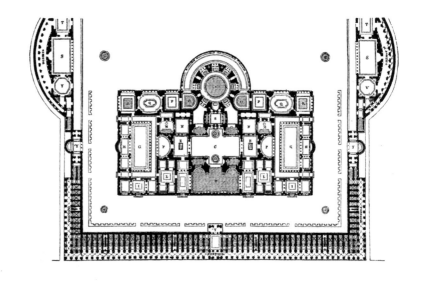

图 2-1 卡拉卡拉浴
场（Caracalla-Grundriss）
平面图
图片来源：Leland M Roth.
1993. Understanding
Architecture: Its Elements,
History and Meaning. 1st.
Boulder, CO: Westview
Press.

2.1 精神空间与娱乐空间的混合

剧场是演艺建筑的一种主要类型，西方剧场建筑形式经历了从扇形的露天剧场向带镜框式舞台的室内剧场的演变，但剧场建筑的核心功能没有变化，仍然是为戏剧提供表演场所。关于戏剧的起源，当前学界较为普遍的一种观点认为东西方戏剧都源自宗教祭祀活动。这也奠定了剧场的早期形态——神庙剧场。神庙剧场是祭祀空间与娱乐空间的结合，在西方和中国历史上，这种现象都十分普遍。

2.1.1 希腊神庙剧场

2.1.1.1 娱乐与敬神的结合

对于希腊悲剧起源的一种观点是认为其起源于酒神赞歌（Dithyramb），即一种对于酒神赞颂的唱诗。早期希腊演出场地约在公元前550年—前500年出现于雅典。表演场地往往选址在雅典的市集广场中。如在雅典的拉托（Lato）市集旁，正对阿耳忒弥斯（Artemis）神庙有一座石砌看台（图2-2），表演场地与神庙、市集建在一起。①

早期希腊剧场的观众座席经历了从木材搭建向石材修筑的转变，观众座席愈加坚固，容量也获得了极大的扩展。根据《西方戏剧·剧场史》（李道增，1999）一书上记载："在雅典卫城南麓利用山坡地形修筑的永久性剧场——酒神剧场（Theater of Dionysus Eleuthereus），观众席早起也用木板凳放在山坡上。在挡土墙外、表演场地下方的山坡上先建起一座小的酒神庙，以坡道与表演场地相连。在表演场地上设一座祭坛与一张放置敬神牺牲的桌子，最初可能就在这张桌子上演戏，后来才在搭起来的一座小平台上演戏。"（图2-3）

酒神剧场将演艺娱乐与敬神活动相结合，从空间属性角度看，是一种精神空间与世俗空间相结合的产物。这种方式隐含了社会教化的职能。奥古斯都·波瓦（Augusto Boal）在对古希腊悲剧研究中认为所有的古希腊剧场都必然是政治性的。② 他认为："希腊亚里士多德的悲剧观就隐含了他为贵族意识形态服务的思想。""悲剧是借着移情作用、净化作用来洗涤人的悲剧性弱点，提醒人反抗社会体制的后果，从而使人顺从社会的总体价值。"（波瓦，2000）

① 希腊古瓶上留下的由索非勒斯（Sophilus）所绘的希腊人坐在看台上看戏的情景反映了这一布局方式。

② 《被压迫者剧场》的作者奥古斯都·波瓦在书中从戏剧的起源讲起，他提到戏剧本是集体劳动之后的欢歌起舞，人人都自由地展现情绪；但贵族阶级的介入使戏剧分成主角（上流贵族人士）与合唱队（象征群众），由特定的人来代替观赏者表演，此一设计本身就映照出支配阶级的意识形态，人们从此将自己的情绪交由舞台上的演员来抒发，戏剧也就因此具有推行统治阶级意识形态的功能。雅典剧场就这样形成为公民教育的大课堂，公民信仰的大教堂和公民审美陶冶的场所。

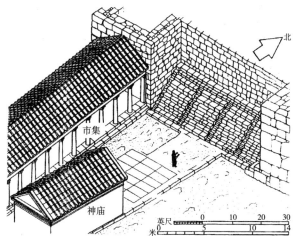

图2-2 拉托市集旁的石砌看台
图片来源：李道增.1999.西方戏剧·剧场史（上）.
北京：清华大学出版社：18.

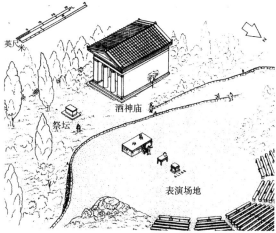

图2-3 早期酒神剧场表演场地设想图
图片来源：同上：22.

2.1.1.2 剧场与其他公共建筑

希腊精神强调民主、平等，鼓励集体智慧的发挥。因此，希腊城邦随处可见大量大型公共建筑，满足人们参与集体活动。如果我们拓展观察对象，将希腊剧场放诸城市结构角度考量，就会发现希腊剧场在更大城市尺度上，与其他建筑也发生着诸多联系。

例如雅典卫城南侧的酒神剧场附近的伯里克利音乐堂（Odeon of Pericles）（图2-4）。该音乐堂建立于公元前446至公元前442年间，由于最初采用木材建造，2个世纪之后毁于大火，随后用石材重建。伯里克利音乐堂不仅用于舞台表演和诗歌朗诵会，并且兼具政治和哲学演讲，还举办过戏剧的排练，同时在音乐堂周围也聚集了很多商店（图2-5）。

图 2-4 雅典卫城及
其南坡建筑群总平面
图（左）
图片说明：1. 酒神剧场，
2. 伯里克利音乐厅
图片来源：http://moon-
lightchest.com/travel/
athens_acropolis.asp.

图 2-5 酒神剧场旁
的伯里克利音乐堂复
原假象模型（右）
图片来源：http://www.
theatron.co.uk/dion4.htm.

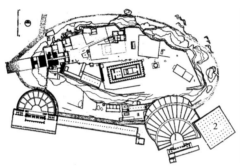
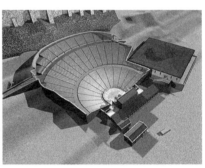

2.1.1.3 剧场的选址

希腊城市并不富有，劳动力较为匮乏，建筑结构技术能力相对有限。剧场建筑在选址方面，倾向于通过自然环境提供观看空间。例如：依靠小山的缓坡，或者是凹形的山坳，这些自然地形能为演出空间提供环绕的界面，同时便于依靠地形达成观众座席升起的目的。因此，希腊剧场在选址上比任何他之后的继任者更依赖于自然地貌。有时一个剧场坐落在卫城附近形成一种卫城和集会市场之间的联系，并聚集成为城市的中心。希腊时期各个城邦的卫城，不仅是城邦市民避难的防御性设施，而且也是城邦的精神、政治、娱乐等职能相融合的公共建筑群。另外，卫城在选址和地形利用方面更为杰出。雅典是古希腊城市的典型，它的卫城控制着整个平原，同时又距海较远，比较安全。卫城本身是一处岩石堡垒，一座真正的城堡。但同时又是一处"圣地"，专门用来敬奉神灵的地方。雅典卫城的南坡建有露天剧场和敞廊，为平民的群众活动提供了良好的环境（图2-6）。图中左下部方框内是阿迪库斯剧场（Odeon of Herodes Atticus），建于公元161年，由希腊权贵阿迪库斯为纪念他的妻子修建。最初采用黎巴嫩出产的昂贵雪松木材作为屋顶，可容纳

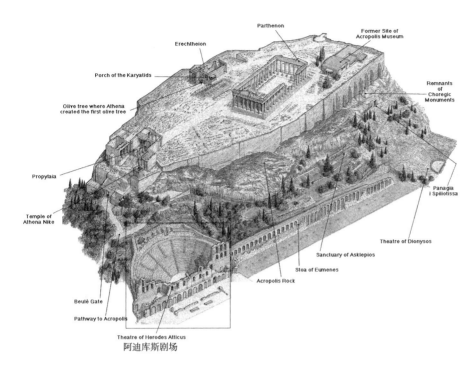

图 2-6　阿迪库斯剧
场鸟瞰图
图片来源：http://sports.
enorth.com.cn/system/
2008/03/12/002965152.
shtml.

5000 多名观众，公元 267 年被毁坏。20 世纪 50 年代得以部分修复，并用于
一些节庆演出。到现在，每年夏季仍有表演在此举行。该剧场拥有三层石材
的半圆形观众席，直径 38 米，在任何一点都能听清楚舞台上演员的台词及音
乐席的表演。

　　这种选址在很多城市的卫城的斜坡都可以找到，正如佩加蒙卫城
（Pergamon）那样，高耸的据点通常作为城市发展和连接各种建筑和自然特
征之用（图 2-7）。在这样特殊的自然地段，剧场经常扮演着重要的角色，它
变成"看的地方"。在很多城市，包括科林斯（Corinth）、普利尼（Priene）
和艾菲斯（Ephesus），观众在剧场看到的在他们前方不仅仅是表演空间，还
有低处壮丽的城市景观，防御城墙，越过他们是平原或大海（图 2-8）。这样
的剧场拥有两种功能，既是文化的纪念碑，也是向使用者展示人造景观和自
然景色的空间。

图 2-7　佩加蒙卫城
示意图（左）
图片来源：同上

图 2-8　佩加蒙卫城
剧场鸟瞰（右）
图片来源：http://www.
turkishclass.com/picture_
19013?gid=283.

可见，结合地形、便利和宗教信仰传统决定了雅典剧场的位置。雅典的其他城市主要元素也是同样的，集会市场、卫城、圣坛、体育馆等。整个城市是一个各种基本元素的集合，并用住宅建筑填充在这些主要单元之间。希腊的剧场和市场、体育场一样，也是城市中一个必要的组成元素。剧场不仅是娱乐场所，也是市民集会的地方，因此这些露天剧场往往规模巨大，代表着希腊时期最高工程和艺术成就。这些剧场在希腊每一座城市中，都是具有标志性、公众参与性的建筑，这即使在现存的遗址中也清晰可辨。

2.1.2 罗马神庙剧场

共和国时期的罗马建筑空前繁荣，各个城市中建造了许多大型公共建筑。由于受到"希腊化"的影响，这一时期罗马剧场体现了很多希腊剧场的特征。罗马宗教属于多神论，有时为了祭祀某位神明，就要为他特别修建神庙。剧场也是专为某位神明而设，不但与神庙结合，还可能结合各种其他功能。得益于罗马人先进的结构技术，一些重要的神庙剧场往往以多种功能的综合体建筑面目出现。

2.1.2.1 神庙剧场与市场

罗马的第一座永久性剧场——庞贝剧场（Theatrum Pompei）建于公元前55年，位于战神广场（Campus Martius）南部。公元前有许多戏剧、音乐演出与体育竞技在此剧场中进行，可惜这座剧场已毁。庞培剧场观众席顶部正中就建有一座纪念维纳斯（Venus）、维克里克斯（Victrix）的神庙，说明当时的罗马将军庞培（Pompey）仍遵循神庙剧场传统。庞贝剧场采用与其他建筑结合形成建筑群体的做法，在当时十分先进。这是以罗马人在拱券技术与混凝土的利用上的进步为依托的，运用拱券与混凝土技术把整个带斜坡的观众席支撑在平地上，不必像希腊剧场那样要依赖自然地形，只能建在山坡上。这样，在城市中选择修筑剧场的地点就相对自由得多了（图2-9）。

庞贝剧场（图2-10）以希腊剧场为蓝本，在建筑规模上更大，布局更加严谨且更富纪念性。神庙位于剧场正中轴线最高，周围又建了连续的柱廊。此柱廊不但可供观众休息与避雨，同时也强化了神庙的纪念性。在剧场后台的背后由柱廊围合起来，形成气派很大的矩形市场。

图2-9 庞贝剧场和市场剖面图

图片来源：Hector D'Espouy. 1999. Greek and Roman Architecture in Classic Drawings. 2nd ed. New York: DOVER PUBLICATIONS INC.

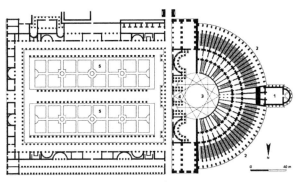

图 2-10　庞贝剧场和市场平面复原图
图片来源：http://referenceworks.brillonline.com/media/brill-s-new-pauly.
图片说明：1. 神庙；2. 观众席；3. 舞台；4. 后台；5. 市场

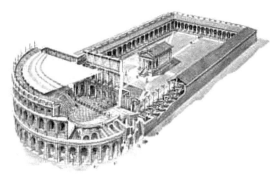

图 2-11　奥斯蒂亚剧场复原图
图片来源：http://www.art.com/products/p6821852413-sa-i5094821/italy-lazio-ostia-antica-reconstruction-of-theatre-and-square-illustration.htm.

　　奥斯蒂亚（Ostia）剧场（图 2-11）[①]也采用了多种功能混合建设的模式。奥斯蒂亚为罗马城外的一座海港，商业、海运贸易十分发达。该剧场和北侧广场一起建设，剧场舞台背后是座广场，广场中央建有神庙，周边共有16 家商铺，并附带仓库，为首都罗马进口粮、油、商品的各色商号环绕广场。（Bakker，2003）

2.1.2.2　神庙剧场与竞技场

　　罗马人非常热衷于观看各种表演，相比于希腊人，罗马人对于求知或体育锻炼并不热心。这也反应在建筑上，公元前 86 年在罗马城只建有一座音乐堂（讲堂）。"罗马凯撒大帝建造的圆形剧场，既可以上演戏剧，也可以进行角斗和游艺表演。现代运动场和这种建筑在形式上有着直接的渊源。"（贝文力，2004）奥古斯都（屋大维）时代，建立了元首政治，极力要把戏剧变成一种吸引民众的政治手段。奥古斯都认为，戏剧应该首先以其观赏性吸引观众，为他们带来愉悦。在奥古斯都所倡导的戏剧世界里，曾经作为希腊的骄傲的戏剧，完全失去了其崇高的精神内核、宗教意义和一切优秀传统，悲剧的作用几乎化为乌有。戏剧彻底沦为了低俗的娱乐形式，以至于发展到后来连剧场都被改造成用于表演斗兽、格斗或水上芭蕾的场地。

　　希腊人十分关注知识与体育锻炼，而罗马人更热衷于奢华和权力的展现。对于罗马公共建筑来说，规模就是一切。罗马建筑是为社会生活各种集体场合都提供了一种大规模形式，无论市场、剧场，还是浴室、竞技场。这些形式有些对数世纪以后的欧洲城市仍然有着深远的影响。即使按每座剧场的较低容量来计算，罗马全部剧场和竞技场也可以同时容纳罗马半数人口。即使在像庞贝这样的小型外省城镇中，剧场也能容纳两万人，大约超过其成年人口的一半。随着罗马帝国版图的扩张，罗马人为新的领土带去了规模宏大的

① 该剧场由奥古斯都皇帝手下的一位大将，其女婿阿格里帕（M. Agrippa）主持修建的，可以容纳 3000名观众。早期观众席利用地形筑于山坡上，其末排地坪与街道持平。公元 195 年塞维鲁（Septimius Severus）与卡拉卡（Caracalla）皇帝用砖将之修复并扩建，加了第三层观众席。重建后可容纳4000 名观众，观众席末排地坪就高出街道，末排顶上留有插桅杆的孔，为张拉帆篷而设。

① 西班牙当时称
（Hispania），在公元前
1世纪属罗马的行省。

② 此剧场于135年
由罗马皇帝哈德良重
新修建。舞台后墙正
中部位的门洞做在一
个很豪华壮观的半圆
壁龛内，两边门洞则
在矩形壁龛内。所有
带有装饰性的柱式均
坐落在很高的基座
上，柱间设有雕像。
舞台前沿有一排共12
个孔洞，供插入可伸
缩的杆件以升降台前
帷幕。舞台有宽敞的
柱廊。

建筑。在这些新领土上随处可见剧场、竞技场的组合。

爱赞尼（Aezani）最初是一座希腊剧场（图2-12）。罗马皇帝哈德良执政时，在其后台延伸出的中轴线上又建了座体育竞技场，或叫马戏场。这种将剧场与竞技场组合在一起的布局方式，在小亚细亚的皮西迪亚（Pisidia）也有过，唯两个场地布局上形成直角关系而非轴线关系。

罗马戏剧与希腊戏剧不同之处在于，悲剧性死亡本应该唤起人们的恻隐之心和严肃的反省，而在罗马却变成通过杀戮向人们散布恐惧而无一丝悲悯。古罗马的圆形竞技场满足了罗马人血腥的欲望，这种四周围合的建筑往往聚集着数万罗马人在此观看表演，有些人整日都在这里度过，因为表演往往从清晨就开始。

罗马大将阿格里帕于公元前18年在西班牙① 西部勒斯提坦尼亚（Lustitania）的梅里达（Merida）建造了梅里达剧场② （图2-13）。竞技场和剧场相邻，并由一条地下通道连接附近博物馆入口（图2-14）。

梅里达的竞技场往往招募一些退役士兵当做角斗士，其他参与人为死囚或奴隶。竞技场内还有木制的笼子装有来自非洲和亚洲的野生动物以取悦观众。中心场地做了防水衬砌，显然与演出水战题材节目有关。公元400年以后，竞技场已经不再使用，墙壁也成为兴建其他建筑物的原料。观众可以从地下通道在竞技场、博物馆、剧场三个建筑之间通行（图2-15）。这可能是罗马时期最大的娱乐综合体建筑（图2-16）。

图 2-12 爱赞尼剧场
与竞技场组合
图片来源：http://commons.
wikimedia.org.

图 2-13 西班牙梅里
达剧场（左）
图片来源：http://www.
travelinginspain.com/
merida4.htm

图 2-14 梅里达剧场
交通廊（右）
图片来源：同上

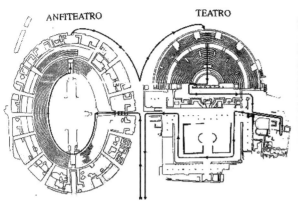

从这些建筑综合体的案例中可以看出罗马人工程技术的巨大进步。这些巨大的建筑，也反映了罗马人的好大喜功。奢靡的建筑、血腥的演出成为罗马人生活的中心，以至于剧场建筑也从半圆形布局变成整圆形。"同时希腊戏剧也让位于新的歌剧形式，这种歌剧后来演变为哑剧，这无疑是由于听众规模太大，在露天环境听不清台词所致。"（芒福德，2005）

2.1.3　城市规划演变与剧场区

在公元前5世纪，希腊出现了几何图形的城市规划。第一个以此新方法建设的希腊城镇是米利都（Miletus），其建筑师是希波丹姆斯（Hippodamus）[1]。希波丹姆斯据说接受了埃及的几何学城市设计思路，将城市切分成特定功能的区块：宗教的、公共的以及私有的（Carlson，1989）[65]。在米利都的规划中，剧场显然给希波丹姆斯带来特别的困难，它是独特的且脱离开基本元素，位于城市中其他公共空间附近但不临近他们，因为地形地貌的原因，剧场与其他几何街区成一个角度（图2-17）。

随之以后的小亚细亚的普里恩（Priene）的规划则更为成熟。普里恩选址在4段梯田似的坡地上。最高处是农业神庙，接下来是雅典娜神庙、剧场和体育馆，在城市中心空间形成一个复杂的包括居住组团的区域。市场和宙斯庙在最低层，低于前面那些大型公共建筑。在城市中央是一个大型市民广场，广场旁边还有一个体育场（图2-18）。

如此规划，因为在希腊化时期剧场越来越普遍地摆脱了地形的限制，更多地遵从于城市规划以及与其他建筑的关系等条件。对于庞贝剧场的选址和随后的罗马的永久剧场的选址，历史学家和考古学家普遍认同地形已经不是主要限制条件。剧场通常依附穿过城市中心的主要轴线或者偏向一侧，正如在提姆加德（Timgad）城市布局那样（图2-19）。罗马剧场由于摆脱了地形

图2-15　西班牙梅里达剧场综合体平面流线分析图（左）
图片来源：http://www.travelinginspain.com/merida4.htm

图2-16　西班牙梅里达剧场综合体遗址（右）
图片来源：同上

[1]　希波丹姆斯被亚里士多德誉为城市规划的发明者。随着古希腊美学观念的逐步确立和自然科学、理性思维发展的影响，希波丹姆斯在在希波战争之后的城市规划建设中倡导一种带有强烈理性和人工痕迹的城市规划模式，这一模式称为希波丹姆斯模式（Hippodamus pattern）。

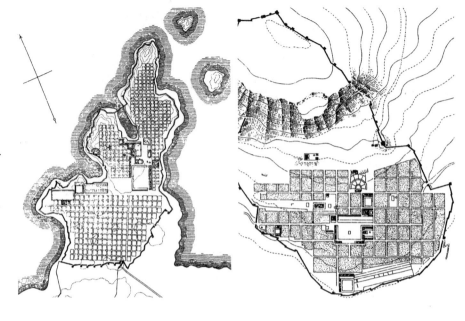

图 2-17 米利都城市
规划（左）
图片来源：Marvin A
Carlson. 1989. Places of
Performance: The Semiotics
of Theatre Achitecture.
NY: Cornell University
Press: 66.

图 2-18 普里恩城市
规划（右）
图片来源：同上：67.

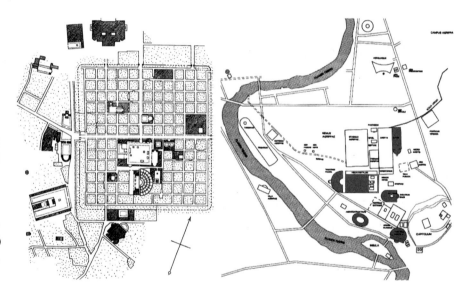

图 2-19 提姆加德
（Timgad）城市规划
（左）
图片来源：同上：69.

图 2-20 战神广场公
元 1 世纪区位图（右）
图片来源：http://www.
pompey.cch.kcl.ac.uk/

的限制，可以与棋盘格的规划融为一体。剧场通常占有一到两个地块，位于
城市的一角或者在接近主要的城门的边上。除了罗马有很多山丘很适合希腊
剧场的建设方式之外，其他城市所有的永久剧场都被建在水平地面上。在战
神广场周边，剧场建筑互相临近，这可能是最早被称为"剧场区"的地方了
（图 2-20）。从庞贝城市复原模型中就可以看到星罗棋布的分布着各种规模剧
场（图 2-21）。

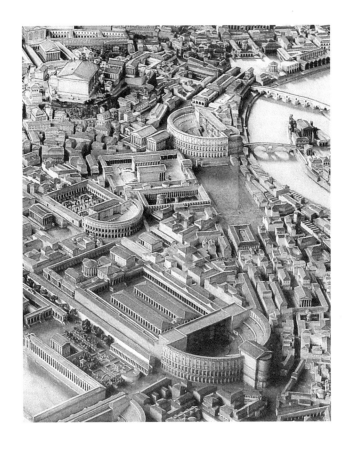

图2-21　庞贝城市复原模型

图片说明：Italo Gismondi
制作，现陈列于罗马文
明博物馆

图片来源：www.vroma.org.

2.2　商业空间与营利性剧场的混合

罗马帝国衰亡后，在教会的反对下，在约400年间戏剧不被官方认可，剧场被停建。在中世纪，剧场空间完全消失，中世纪的知识阶层虔诚于教会事业，抵制异教徒的消遣娱乐活动。然而，遍及欧洲的各种仪典仍然在各地流传。及至16世纪，戏剧才从沉闷的中世纪中复苏。"在欧洲，直到巴洛克时期，一些古典的剧场建筑才出现于城市蓝图中。"（Carlson，1989）[70]

2.2.1　中世纪城市权力的转移

2.2.1.1　中世纪宗教演出

传统戏剧虽然被教会禁止，但演出活动并没有完全终结，而是以另一种形式进行。随着教会势力的壮大，欧洲很多城市建起了教堂，礼拜活动也得以扩展。为了扩大宗教影响，教会常常在教堂中举行以圣经内容为蓝本的演出。后来发展为神秘剧（Myster Play）①演出。13世纪末，演出逐渐转移到教堂外。除了这些固定的演出空间，中世纪的行会也会把他们的布景装在"庆典戏车"（Pageants）上，便于演出从一个地点转移到另一个地点。

① 神秘剧作为一种中世纪宣传宗教的戏剧，以本国语言书写并且强调圣经主题和观众的物理世界的类似性，通过空间的类似特征强调服务于本国当时大家共同关心的焦点问题，正如更加抽象的固定礼拜仪式戏剧服务于周边教堂的图画故事。

2.2.1.2　从精神空间到世俗空间

"伊利莎白女王于 1558 年即位后断然禁止了所有宗教剧的演出。欧洲其他国家也与此情况类似。这使得剧作家的创作焦点转移到世俗主题上来。脱离了宗教主题的戏剧，丧失了国家间通用认同的基础，这也使得各个国家可以根据自己民族特色来创造自己的特色戏剧形式。"（李道增，1999）[136] 宗教剧被禁后，原先由牧师、市议会、商人积极支持的，并由他们给予经济资助的宗教剧演出不复存在，他们也不再支持这种戏剧演出了。戏剧明确地区分为两类，一类是仍为宣扬宗教或为城市争取荣誉，由业余演员演出的戏；另一类则纯属娱乐和营利性的，由职业戏班子演出的戏。罗马教廷从来就没有撤回他对古罗马职业戏剧演出的谴责，此时又继续重申这种指责，但已今非昔比。过去从希腊、罗马直到中世纪戏剧一贯被掌握在政府或宗教当局的手中，作为他们主持的一种活动。此时开展了一场革新的斗争，力图摆脱宗教与政治的控制，戏剧不能只为他们所利用。

从中世纪萌发出来的由贵族或某统治者作为职业剧团的保护人的做法，逐渐在欧洲传播开，虽然这一进展在有些国家前后经历了 200 年之久。中世纪除了具有场面大，装潢华丽的神秘剧以外，在民间还有许多世俗戏演出在进行。大多由职业性的小戏班子演，他们常被迫以最简单的方式进行演出。通常市场是一种合适的演出地点，可以被看作是人们表演他们世俗角色的舞台符号。市场空间造就了它特别适合这种功能。通常临近城镇中心市政厅，被住宅和商业建筑包围，它本身就是交易中心、娱乐中心和社交中心。它实际上就是新兴城市资产阶级在户外进行生活的舞台，即使不是地理意义上的城市中心也是现实生活中城市的心脏，正如同教堂作为精神上的中心一样。[①] 这也为日后私人商业性演出场所奠定了基础。

2.2.2　文艺复兴时期的公共剧场

文艺复兴被认为是欧洲中古时代和近代的分水岭，同时也是封建主义时代和资本主义时代的分界。新兴的资产阶级通过弘扬古希腊、古罗马的艺术文化，对教会权威形成挑战。文艺复兴对社会各个方面都起到了巨大的推动，不仅是物理、地理、医学等方面，也包括戏剧、绘画、文学、音乐等方面。

2.2.2.1　英国的旅馆剧场

16 世纪中叶英国的戏剧活动出现两种倾向，一种是中世纪职业演戏团体的演出，这些团体具有流动性，并逐渐演化成商业性演出。另一种是业余演出，多是由教堂唱诗班、大学的学生或社会青年自发的演出行为。演出场所一种是露天的，例如旅馆院落、城市广场等；另一种是在室内大厅，例如贵族官邸、

① 虽然两者的发展方向后来变得不是分野很明显，商业组织例如中世纪行业协会仍然有着重要的宗教成分。

市政厅等建筑内。"露天公共剧场的来源普遍认为是源自旅馆院落。当时伦敦至少有6家旅店院落曾被用来演戏。"（李道增，1999）[173] 这些旅馆多数同时兼具驿站的功能，即不仅提供商旅住宿，同时提供货物存储等物流功能。由于这些演出受到旅客的欢迎，促进了旅馆盈利增长，很多旅馆利用发驿车间歇的时间安排演出，避免欣赏演出与工作干扰，有的旅馆索性直接把院落改建成商业剧场。英国的幸运剧院（The Fortune）即由旅馆改造而成，甚至最终放弃了旅馆的功能（图2-22）。

2.2.2.2 西班牙的庭院剧场

16世纪后期，西班牙的演出活动非常繁荣，西班牙剧场建设也进入黄金时期。西班牙的庭院剧场与英国伊丽莎白时期的旅馆剧场较为相似。1568年考佛莱迪亚斯（cofradias）行会开始租用卡尔庭院（Calle de Sol）改建为剧场使用。1576年伦敦建了第一座永久性公共剧场，1579年马德里也建了一座名为克鲁兹（Teatro de la Cruz）的永久性公共剧场。这座剧场与建于1583年的普林西匹庭院剧场（Corral del principe in Madrid，图2-23）成为马德里当时最重要的两座剧场。过去各地进行巡演的演员当被允许建立属于自己的剧场时，必然根据他们自己的经验，选择他们已熟悉的形式。早在15世纪末格拉纳达（Granada）有一座庭院，名叫坎萨拉里亚（Patio de la Cancelleria），在此曾演出过好多场戏。进入16世纪，西班牙的其他许多城市也多在类似坎萨拉里亚的庭院中演戏，所以对这种模式的演出已为大众所习惯。（李道增，1999）[183]

西班牙的庭院剧场与英国旅店剧场相仿，用这种露天庭院做剧场即谓庭院剧场。舞台为一大平台，位于庭院一端，与院子几乎同宽，其形式与英国公共剧场颇为相似，只是没有上面的屋顶而已。

图 2-22 伦敦幸运剧院意向图（左）
图片来源：廖奔.1997.中国古代剧场史.郑州：中州古籍出版社，附图63.

图 2-23 作于1888年的普林西匹庭院剧场内景复原构想透视草图（右）
图片来源：李道增.1999.西方戏剧·剧场史（上）.北京：清华大学出版社：184.

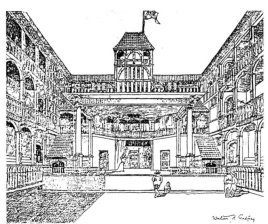

① 大卫·海斯莫汗
（David Hesmondhalgh）
在《文化产业》（Cultural
Industries）一书中认
为文化机构的发展历
史经历了三个时期。
其中首先是供养制时
期（Patronage），这是
最为古老的一种文化
生产方式，由贵族雇
佣、保护或者支持某
些诗人、画家和音乐
家等，在他们之间形
成了一种直接的"生
产"和"消费"关系。
这种关系在古罗马时
期到 19 世纪的西方社
会占据主导地位，19
世纪以后仍然部分地
存在于一些国家。在
供养制条件下，艺术
创作者与消费者的关
系是依附性的。

2.3　皇家供养制与欧洲剧场的独立

2.3.1　皇家供养表演艺术的历史

　　皇家供养① 现象的产生很大程度上是由欧洲当时的文化政策决定的，在欧洲由来已久。其核心在于由贵族和为其所雇用的艺术家两方之间形成文化消费方和文化生产方。"15 世纪的英国，职业演员地位低下，当时的法令认定所有演员都属于流氓，只有受雇于皇家贵族的剧团，才能被视为仆佣并获得赦免。在这一法令要求下，大量皇室和贵族都圈养了自己的剧团。由于这些剧团的演出时常触犯教会，导致英国皇室与罗马教会关系恶化，1559 年英国颁布法令禁止涉及宗教和政治主题的戏剧演出。一直到 1572 年，新的法令要求演员必须从贵族或两名司法官处获得执照，没有取得执照一律不准演戏。这项法令首次给予获得执照的演员以合法的保障。该法令也容许地方司法官核发执照给剧团。两年后，1574 年又一项法令指定宫廷娱乐主事专职检查所有剧本，并核发执照给剧团。由此英国的剧院遂直属中央政府的管辖。剧团要想获得执照，要先取得某贵族的庇护，以该贵族之名为剧团命名。有了这种庇护再进一步取得宫廷娱乐主事核发的执照，剧团即可合法演戏了。"（李道增，1999）[169]

　　意大利与英国类似，在 16 世纪，意大利的很多贵族热衷于艺术，这就为新戏剧的创造和发展提供了有利的条件。一些贵族为了彰显其喜好与财富而开始相互竞争，开启了文艺复兴的伟大历史进程。文艺复兴时期，意大利贵族十分重视回复古典文化，在戏剧、建筑、雕塑、绘画等各个方面均有所体现。究其实质，文艺复兴在艺术秉承古典文化的表象下，仍是社会主导权的演变和争夺。这一时期由于生产力变化而引起的社会结构变化，也反映在剧场建筑的实体上。

2.3.2　功能独立的永久性剧场

　　戏剧摆脱中世纪的宗教影响，人们开始永久性的剧场建筑的建设。费拉拉剧院（Ferrara）就是在这一背景下开始建设，受到贵族的资助，建设地点在意大利公爵的庭院内。这座建筑的选址仍然保留了中世纪入城仪式的空间模式：游行队伍从城门到城市中心广场即大教堂的所在地。在这里集中着公爵家族的宫殿，以及商业精英的住所。世俗和精神的力量集中在城市中心空间呈献给大众（图 2-24）。费拉拉剧院于 1532 年被焚毁。

　　"目前留存下来最早的一座永久性剧场是维琴察奥林匹克剧场。此剧场由维琴察的奥林匹克学院所建。这个学院成立于 1555 年，专门研究希腊戏

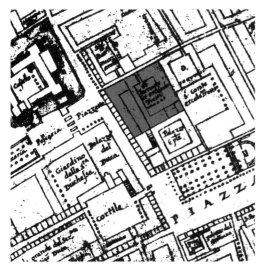

图 2-24　费拉拉剧院城市区位图
图片来源：Marvin A Carlson. 1989. Places of Performance:
The Semiotics of Theatre Architecture. NY: Cornell
University Press: 40.

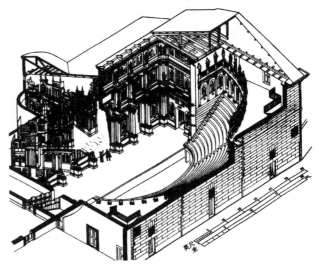

图 2-25　维琴察奥林匹克剧场剖透视图
图片来源：李道增. 1999. 西方戏剧·剧场史（上）. 北京：清华大
学出版社：153.

剧。由建筑大师帕拉第奥（Andrea Palladio）设计，他去世后由弟子继续完成。这座剧场被认为是当时最严格遵守维特鲁威的意念设计出来的，但也同时深受透视法的影响。所以和原封不动地沿袭古罗马剧场确有发展变化。奥林匹克剧场被视为近代剧场史上的一个里程碑。其总的想法仍然停留在追求古典样式，用透视布景来构成不能换景的舞台阶段。"（李道增，1999）[152]（图 2-25）

新社会秩序下的官方剧场由当权阶层和宫廷支持。而这种支持是为他们的特权服务的，艺术创作和剧场空间，都成为展现特权的工具。瓦格纳[①] 在谈到文艺复兴时期的宫廷演出时指出："拿了他们的报酬的艺术家就要教授希腊的课"；"自由艺术现在担任这些崇高的主人的婢女。"（Wagner，1849）一种变化清楚地反映在新剧院物理空间："希腊露天剧场十分宽敞，整个民众都能享受演出，在我们的新剧院，懒洋洋地只有富裕阶层。"（Wagner，1849）

17 世纪后，意大利的歌剧传播遍及欧洲。歌剧逐渐成为欧洲最受宠、最高贵的艺术形式。欧洲各个国家宫廷纷纷不甘示弱，建设了大量歌剧院。国家尊严和宫廷财富，在一座座宏伟的歌剧院中得以展现。

然而，剧场建筑虽然在空间上获得独立，但在运营、管理的具体事务上，却受到权贵的严格管控。例如 18 世纪末，拿破仑从巴黎市政府手中征得巴黎歌剧院[②]（Paris Opera）的管理权。19 世纪初期开始，拿破仑和他的内政部长就一直掌管歌剧作品的制作，进行满足自己需要的、有倾向性的选择。柏

① 威廉·理查德·瓦格纳（Wilhelm Richard Wagner，1813 年 5 月 22 日 –1883 年 2 月 13 日），德国作曲家，开启了后浪漫主义歌剧作曲潮流。

② 这座巴黎历史上最重要歌剧院的名称经历过多次变化，从而在一个侧面记录了社会变迁。其中最重要的名称包括 1791 年以后的"歌剧剧院"，1794 年以后的"艺术剧院"，1804 年以后的"帝国音乐学会"和 1814 年以后的"皇家音乐学会"等。

林国家歌剧院（Staatsoper Berlin）也遭遇了类似的命运。18世纪中叶落成后，演出内容一直由弗里德里克二世（Protestant Frederick II）掌控。

2.4 美国演艺建筑混合使用的开端

欧洲大陆许多国家历史上就一直坚持由国家资助戏剧艺术，及至当前，使得很多著名剧院能够获得财政补贴。美国的政府机构中没有文化部这样的机构。剧场的建设主要由个人、私营企业和基金会支持，政府几乎不在文化艺术上投资。因此，美国剧场更加重视商业利益。而这种资助和运营目标上的差异在剧场建筑上有很多直接体现。演艺建筑混合使用的方式就是在这样一种环境下诞生的。

2.4.1 美国19世纪末的营利性剧场

营利性剧场自罗马时代开始，已有两千多年的历史。对于营利性剧场的经营者来说，营利是第一位的，戏剧只是一种取悦民众的商品。19世纪中期之后，纽约曼哈顿的百老汇大街已经汇集了很多营利性剧场。演出内容五花八门：有较为正统的戏剧演出，有音乐歌舞、滑稽表演，有的放映电影。美国其他一些大城市虽不及纽约演艺市场活跃，但情况大体类似。

为了追求高利润，剧场经营者不但影响着常规的艺术创作，如剧本写作、演出形式等，还在剧场选址和剧场建筑方面煞费苦心。一方面，将顾客使用的区域如门厅、观众厅装修得很精美，并尽可能扩大观众厅容量，使得能够招揽更多顾客。另一方面，降低演出使用部分的投入，尽量压缩舞台及辅助用房的面积，化妆间装修很粗糙。

美国营利性剧场由于受到房地产开发商投机行为的支配，有了新的变化。开发商建剧场多另有所图，如与一座巨大的商业性机构的办公楼、商场、旅馆合建，以建剧场为借口，试图获得市政当局对建筑规范方面的某种让步或获得某种特许权，譬如减免房地产税等等，另一方面又借剧场来提高所建商业机构的活力与竞争力。

2.4.2 芝加哥大礼堂

在19世纪末期，美国已经出现了演艺建筑混合使用的端倪，最具代表性的就是芝加哥大礼堂（Auditorium Theater in Chicago）。在当时的建筑界，还没有混合使用的理念，针对剧场建筑常常面临的财务负担，一些财团和慈善家出于对艺术的热衷和支持，或是出于提高个人名声，开创了通过附带建设酒店、办公这样的营利性设施而为剧场运营补充资金的方式。芝加哥大礼堂被普遍认为是芝加哥市建筑设计和工程方面的杰出之作。这个剧场是美国剧场建筑混合使用的早期代表。

2.4.2.1　建设背景

19世纪80年代初期，马布里森（Mapleson）的马杰斯特歌剧公司（Majesty's Opera Company）和大都会公司的巡回演出在芝加哥形成激烈的竞争。虽然马布里森可能在管理上较为奢侈浪费，但当时他的公司在芝加哥演出票价几乎是在纽约同样演出的两倍（Mapleson，1888）。在与中西部地区的城市文化竞争中，芝加哥也落于下风。当时的辛辛那提是芝加哥的主要竞争对手之一，而马布里森的一个演出季在辛辛那提的成本只是在芝加哥的一半。其主要原因在于，他在辛辛那提拥有自己的歌剧院，一个建于1878年的音乐厅，可以容纳4000名观众（Eaton，1957）。而当时，芝加哥最大的剧院也才2400座左右。[①] 因此，《芝加哥论坛报》呼吁社会上对医疗、绘画和其他公共事业较为热心的人们和机构资助建设一个更大的剧场。1882年，慈善家撒尼尔·费尔班克（Nathaniel K. Fairbank）开始产生"赞助一个伟大的公共歌剧院"的想法，甚至提名阿德勒和沙利文来主持设计（Dean，1892）。费尔班克更有意义的贡献在于他使城市知名音乐家来参与剧场的策划工作。[②] 费尔班克认为，一个公民的剧院不应该轻视专业音乐家的意见。

罢工和劳工集会在1880年代的芝加哥已经非常普遍。然而，甘草市场的爆炸和无政府主义的迫害使得工人阶级的愤怒达到极点。[③] 地产商兼慈善家费迪南德·派克（Ferdinand Peck）在这一背景下，发现了一个机遇。他和他的俱乐部成员讨论了"近期劳工问题的原因和可能的补救措施"（Glessner，1910）。派克认为，劳工的暴乱提供了大量劳动力，正是建设一个新的剧场的机会。1886年派克成立芝加哥剧场协会，开始出售企业股票。费尔班克则继续奔走呼吁，并注资10000美元。派克的芝加哥剧场协会承诺在营利范围内提供股息，然而不同于大都会歌剧院的董事，持有芝加哥剧场协会的股东没有任何私人特权，以避免其干涉剧场的建设行为。

密歇根大街今天已经是芝加哥市的一条著名街道。在19世纪已经初具规模，它跨越芝加哥河，将城市中心的公共绿地和沿湖铁路分开。当时沿街多是富豪的住宅，19世纪60年代，密歇根大街已经成为权贵的代名词。派克在选址调研过程中，发现瓦巴士大街周边竟然没有酒店。因此，在芝加哥大礼堂的项目中，最先加入的功能就是酒店。直到1886年底，派克才和同事开始讨论加入办公大楼的功能。1886年芝加哥市中心密集的商业建

① 参考1889年Jeffery's Guide and Directory to the Opera Houses, Theatres, Public Halls, Bill Posters, etc. of the Cities and Towns of America（11th rev. ed., Chicago: John B. Jeffery, 1889），芝加哥市容量最大的剧场是哥伦比亚剧场，约2400座，和干草市场剧场（haymarket theater）2475座。

② 费尔班克曾在1867年的芝加哥音乐学院任董事之一。这个机构旨在培养芝加哥当地的音乐家，并为当地音乐工作者提供就业岗位。

③ 1886年甘草市场暴乱（Haymarket Square）是美国工人为争取实行八小时工作制，于1886年5月1日展开全美大罢工。全美有35万人上街游行，在纽约有10000人，底特律11000人，而运动的中心芝加哥有40000人。5月3日，芝加哥政府出动警察与流氓进行镇压，两名工人被打死。5月4日，罢工工人在干草市场广场举行抗议，有不明身份者向警察投掷炸弹，警察开枪导致屠杀发生，4名工人和7名警察死亡。在事件后进行的不公平审讯中，8名无政府主义者被控谋杀，4人被判死刑，1人狱中自杀身亡。五一劳动节由此而来。

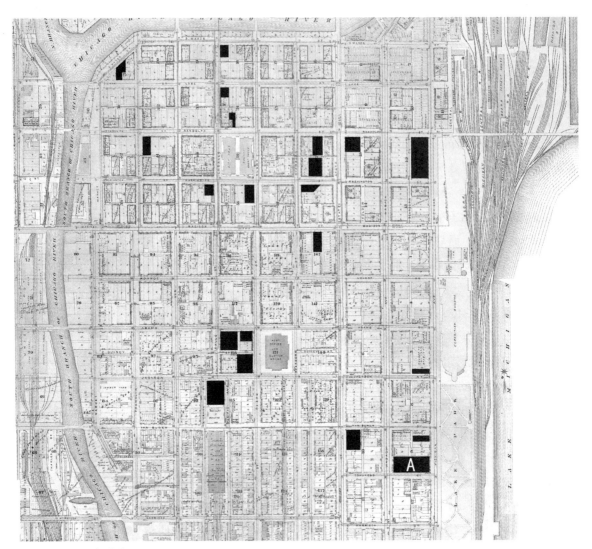

图 2-26 1886 年的芝加哥市中心总平面图

图片来源：Joseph M Siry. 2002. The Chicago Auditorium Building: Adler and Sullivan's Architecture and the City. Chicago: University of Chicago Press: 14.

图片说明：芝加哥大礼堂基地在图中 A 处，南邻国会大街（Congress Ave），东临密歇根大街（Michigan Ave），西邻瓦巴士大街（Wabash Avenue）。填黑颜色的方块表示菲利普－派克和派克地产拥有的土地。

筑已经扩张到国会大街，在国会大街的南部仍然是住宅区。派克敏锐地把握住这一点，即在社区和商业活动支持下凸显艺术设施发展的突破口（图 2-26）。

2.4.2.2 建筑概况

芝加哥大礼堂在很多重要方面与以前的美国剧场模式不同，与欧洲的大歌剧院建筑也十分迥异。但这个建筑的基本原型仍然以纽约大都会歌剧院为范本。纽约大都会歌剧院的赞助人建造歌剧院只是希望成为少数富人会员的俱乐部。投资多半被花费在展现私人特权和实现私有空间方面。这些私有的财团只为内部服务，而对城市大众漠不关心。这也促成了建筑设计上的特色，大都会歌剧院三层私人包厢就是具体体现。因此，在大都会开业的第三年内，芝加哥大礼堂的发起人勾画了一个别出心裁的模式。在派克的带领下，提出一个广大市民参与的机构，避免出现大都会歌剧院忽视观众、社会角色缺席和传统美国歌剧院模式的弊端。

社会职能和为市民服务的思想是芝加哥大礼堂模式形成的根本精神。任务落到了阿德勒和他的合伙人路易斯·沙利文身上。这也是阿德勒到美国定居后的第一个重大项目。芝加哥大礼堂一个惊人的成就，直到今天，它仍然是美国 19 世纪建筑的代表，一个具有里程碑意义的地标。厅堂本身的设计十分新颖，遵循了阿德勒的声学和视觉理论，并尝试将歌剧院的社会性质转变。建筑师对巨大观众容量的实现和疏散问题的解决提供了非常先进的方案（Adler，1888）（图 2-27）。

芝加哥大礼堂在当时是芝加哥高度最高、规模最大、最受人瞩目的建筑。建筑底部 3 层采用深色花岗岩石块饰面，上部采用颜色较浅的石灰石。建筑外观采用类似罗马式风格，是基于 11 世纪法国和西班牙的罗马式建筑的复兴。特点是巨大的实墙和戏剧性的半圆形拱门相结合，体现厚重感（图 2-28）。立面开窗深陷，并结合灵活自由的室内空间。大礼堂的内部设计十分华丽，融合了有机形态、自然形态、"形式服从功能"以及民主主义理想（图 2-29）。

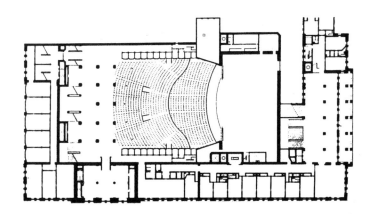

图 2-27 芝加哥大礼堂平面图
图片来源：http://1.bp.blogspot.com/.

图 2-28 芝加哥大礼堂主入口拱门（左）
图片来源：http://auditoriumtheatre.org/wb/.

图 2-29 芝加哥大礼堂室内（右）
图片来源：同上

图 2-30　芝加哥大礼
堂剖透视图（左）
图片来源：同上

图 2-31　剧场观众厅
举行宴会（右）
图片来源：同上

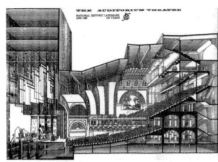

芝加哥大礼堂的一个亮点，就是它的多用途适应性。建筑中使用了由铁和石膏制造的可变假台口。并通过从台口倾斜的吊顶直至舞台后墙全部遮挡，以调整空间容量，满足会议、音乐演出的要求。活动的吊顶可以使观众厅座席数在 4200 到 2500 座之间调整。当举行大型集会的时候，将舞台和走廊也纳入观众厅中，总容量将超过 6000 座（图 2-30）。观众厅地板采用临时拼装的方式。可以采用组合木地板将观众厅前部升起，与舞台相同高度，改造成舞厅、宴会厅，甚至室内垒球比赛、乒乓球比赛等多种功能空间（图 2-31）。

建筑的另一进步之处在于声学设计的尝试。[①] 接受大礼堂设计任务之前，阿德勒曾仔细研究过声学理论和相关实践。对于数千人规模的剧场，阿德勒尝试改造了约翰·斯科特·罗素（John Scott Russell）在 1838 年提出的等声强曲线理论（Isacoustic Curve）[②]，并取得了一定的效果。

2.4.2.3　建筑的混合使用构想

芝加哥观众厅剧场的最显著的成就，就是其功能的混合使用方式。阿德勒在谈到芝加哥大礼堂的混合使用概念创意时表示："剧场建筑反映了多才多艺的西部美国人如何通过节俭的手段达到更高的艺术理想。芝加哥希望拥有一个比大都会歌剧院更大更好的剧院，希望建筑能满足很多功能：一个能演奏大型交响音乐会的大厅、一个巨大的舞厅、一个大会堂、供群众集会的大礼堂等等。所有这些功能都囊括在一个屋檐下，这就产生了大礼堂的原始意向。人们希望剧场可以自负盈亏，不像大都会歌剧院那样入不敷出，乃至成为永久的财政负担。大礼堂必须纳入商业建筑、酒店等功能，将这些功能附属于剧场，与剧场一起形成大礼堂大厦。"（Adler，1892）

阿德勒和沙利文将歌剧院置于 10 层的酒店及办公大楼中，并将 17 层的塔楼放置在剧院门口（图 2-32）。旨在减轻剧院的长期财政困难。这样的建设计划，其规模远远超过了以前的混合使用的策略。另一方面在于，剧场的外立面形式和城市的衔接，有别于当时剧场普遍的、打造城市标志性的手法，

① 当时的建筑声学理论还不像今天这样完善。建筑界曾长期将声学看作是一门不是十分精确的科学。按照当时声学理论设计的建筑，在室内音质表现上，总是时好时坏，反复无常。

② 这个理论假设声音传递与光线类似并由此决定厅堂座席的升起。

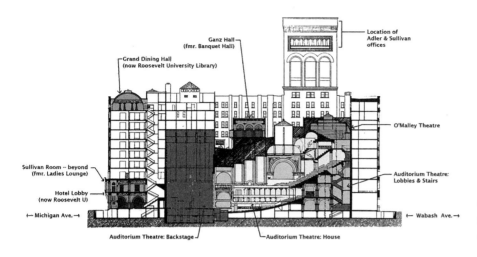

图 2-32　芝加哥大礼堂剖面图

图片来源：http://www.richaven.com/wp-content/uploads/2012/10/auditorium-9.jpg.

观众厅剧场采用了商业建筑的立面，以与城市发生互动（图 2-33）。这样一种方式为取得市民的集体认同感十分有帮助，这也进一步提升了芝加哥在美国城市中的地位。这种剧场建筑的混合使用开发模式在当时是无与伦比的。类似规模的开发，在 40 年后的芝加哥市立歌剧院大厦（The Civic Opera Building, Chicago）才再次出现。

　　大礼堂前的酒店塔楼，是最早就被纳入建设内容的功能。酒店塔楼面向湖的方向，以期受益于密歇根大街的休闲和旅游的人群。而临近瓦巴士大街的办公楼，则更希望借助于芝加哥日常的商业活动。每个建筑都有独立的入口。大礼堂的门厅朝南，紧邻国会大街，夹在酒店和办公楼中间。在当年 12 月的《芝加哥论坛报》上，派克提到："是否应该在瓦巴士大街上建设办公楼"或者"不建设办公楼以便为论坛剧场在瓦巴士大街留出入口"。[①]前者是一个较为传统的艺术和休闲的联系方式。而后者更倾向于艺术与芝加哥中央商务区的商业活动相关联。这种双重的价值取向对后来的演艺建筑混合使用演变产生关键的影响。

　　"整个建筑几乎铺满了基地地块，这也反映了芝加哥当时地价的昂贵，开发商争取提高容积率，将酒店和办公楼的租金回报补偿剧场运营费用。"（李道增，1999）[508] 芝加哥大礼堂之前，美国也有些剧场建筑纳入了其他的功能空间，但其附加功能都没有这个剧场规模大。临街的酒店和办公楼为芝加哥大礼堂带来巨大的收益，甚至远远超过了原先对于补贴剧场运营的需求。

　　大礼堂酒店于 1890 年开业，是整个建筑群中规模最大的组成部分，并且在当时给美国民众留下深刻的印象。其临近密歇根大街的门厅中，空间高大，地面使用马赛克铺设，沙利文设计的外观极其丰富的巨大拱门形成了醒目的引导性，给人印象深刻。门厅宏伟而华丽，远远超过大都会歌剧院。酒店一

① Peck. "A Magnificent Enterprise" and "The Grand Auditorium". Chicago Tribune, 5 and 10 Dec 1886.

图 2-33 芝加哥大礼堂东北方向外观（左）
图片来源：Joseph M Siry. 2002. The Chicago Auditorium Building: Adler and Sullivan's Architecture and the City. Chicago: University of Chicago Press: 191.
图片说明：左下角为瓦巴士大街（Wabash Avenue）、建筑门厅朝南，即为图中右下为国会大街（Congress Ave）。

图 2-34 芝加哥大礼堂与湖面关系（右）
图片来源：http://auditoriumtheatre.org/wb/.

① 萨姆尔森·英萨尔（Samuel Insull）是美国 19 世纪初期最为杰出的商业领袖之一。他的事业主要是电力领域，到第一次世界大战的时候，他领导的电力帝国横跨美国 12 个州。英萨尔收购了芝加哥歌剧协会（Chicago Opera Association）后更名为市立歌剧公司（Civic Opera Company），并通过自己雄厚的财力支持，使得歌剧协会成为大都会歌剧院这个国家级演艺业巨头的竞争对手。

层有一个非正式的餐厅，在酒店大堂和街道上都可以进入，位于密歇根大街和国会大街的交叉口。首层沿国会大街还有一个酒吧、咖啡馆和理发店。在酒店的十楼，一个巨大的拱形空间可供举行大型宴会，并可以直接俯瞰东部和南部的湖泊（图 2-34）。

瓦巴士大街上的 10 层办公楼与当时芝加哥其他高大的办公楼的设计十分不同。商店占据了较高的基层，再向上的楼层是相同的办公室隔间并用走廊连通。大礼堂的存在使得办公楼被赋予与众不同的价值。文化方面的用途使得办公楼与其他办公建筑形成差异化竞争，吸引了不同的目标客户，例如芝加哥图书馆。同时，办公楼也吸引了投资者和企业租户的兴趣。办公楼早期最大的租户是芝加哥音乐学院和戏剧艺术学院。对于学生来说，大礼堂是非常宝贵的资源。芝加哥音乐学院还拥有一个位于七楼的 600 座演奏厅。这些艺术团体补充了大礼堂的演出内容。很多人认为，芝加哥大礼堂形成了城市的文化中心。1888 年《芝加哥论坛报》报道：礼堂协会低估了办公楼的盈利能力，"租金几乎比预期增加了一倍，并且刺激了周围办公楼的活力和土地价值，大礼堂及其周边街区正形成新的商业中心区"（Chicago Tribune, 1888）。

2.4.3 芝加哥市立歌剧院

芝加哥市立歌剧院大厦（The Civic Opera Building, Chicago）是继芝加哥大礼堂之后的又一个混合使用开发的尝试。该项目由萨姆尔森·英萨尔（Samuel Insull）①发起，充分体现了大型企业引导大众并支持艺术发展的特征。

2.4.3.1 英萨尔的建筑理想

影响剧场建设最大的因素无疑是巨大的资金投入。美国 20 世纪早期的剧院是社会权贵汇集的场所。政府要员、企业经理、社会公众人物以及交际花、律师、医生，形形色色的人怀着各自的目的，坐着豪华马车聚集在每个城市的大剧院门前。然而歌剧院的衰败为奢华的建筑蒙上一层阴影，金融危机使得纽约、费城、波士顿等城市最早的歌剧院褪色。"即使是大都会歌剧院取得了一定的成功，也无法掩饰剧院经理人的困境——沉重的运营成本和连年的营业赤字"（Devries，1929）。

因此，英萨尔似乎从一开始就拒绝单一用途的歌剧院模式。英萨尔期望得到一个和他的企业帝国规模相适合的建筑。芝加哥市立歌剧院的设计，将既不模仿欧洲的传统剧院，也不刻意迎合人们的喜好，而是向芝加哥大礼堂学习。最终，英萨尔选定由善于设计文化建筑和办公楼的 GAPW 设计公司①主持该项目设计。

"在市立歌剧院的设计中，格雷厄姆和他的同事显然受到城市美化运动思想的影响。格雷厄姆的导师伯纳姆（Burnham）指导的哥伦比亚博览会就是 20 世纪早期的城市美化运动的代表。伯纳姆和爱德华·贝内特的芝加哥规划（Flan of Chicago，1909）全面体现了城市美化运动的思想"（Moore，1993）。因此，市立歌剧院的立面，强调通过秩序感强化芝加哥河沿岸密歇根大道市区的整体形象。这在 1924 年的芝加哥城市规划中也有体现（图 2-35）。

在选址上，英萨尔强调：必须是"好的位置，要有便利的交通，并与中产阶级和富人阶级相连"（Randall，1999）。1927 年，建设用地选定在市场街（Market Street）瓦克通道（Wacker Drive）和芝加哥河南岸的一整个街区。北部和南部是与华盛顿和麦迪逊大街接壤。这一区域距离西北大学站和联盟站很近，便于吸引郊区的人群。加之华盛顿大街和麦迪逊大街的有轨电车线路，极大地扩展了观众的交通选择（图 2-36）。

英萨尔坚持认为："歌剧院不能纯粹是一个巨大的纪念性建筑，它必须是商业性的，不仅能自我支持，而且要有盈利能力。"（Insull，1927）GAPW 在最初的设计中，将剧场的入口放置在瓦克通道上，并且在麦迪逊达到和华盛

① 该公司由格雷厄姆（Ernest Graham）、安德森（Anderson）、普罗伯斯特（Probst）和怀特（White）四人为核心。GAPW 擅长设计高大的办公、商业类建筑，主要为金融业客户服务。在芝加哥市立歌剧院逐渐成型的 4 年中（1925-1929），GAPW 公司成功设计了多个重要项目。其中绝大部分是银行或者商业办公楼。这些项目都是大型的超高层建筑，在城市天际线中有着突出的位置。例如：皮茨大厦（Pitts field Building）在 1927 年完成时，是芝加哥最高的。也属于该公司的标志性项目，其他的有如芝加哥联合车站（Union Station in Chicago，1925 年建成），费城的宾夕法尼亚车站（位于 30 街，1934 年建成），芝加哥和华盛顿的中央邮政局办公楼（central post offices）等等。在文化建筑方面，包括芝加哥历史学会大楼（Chicago Historical Society，1932），菲尔德博物馆（Field Museum），和谢德水族馆（Shedd Aquarium，1929）。这些建筑多采用新古典主义的手法，这正是 GAPW 在高层办公楼类建筑中的专长。

图 2-35 1924 年芝加哥规划中芝加哥河沿岸建筑形式
图片来源：Jay Pridmore. George A Larson. 2005. Chicago Architecture and Design. Harry N Abrams: 58.

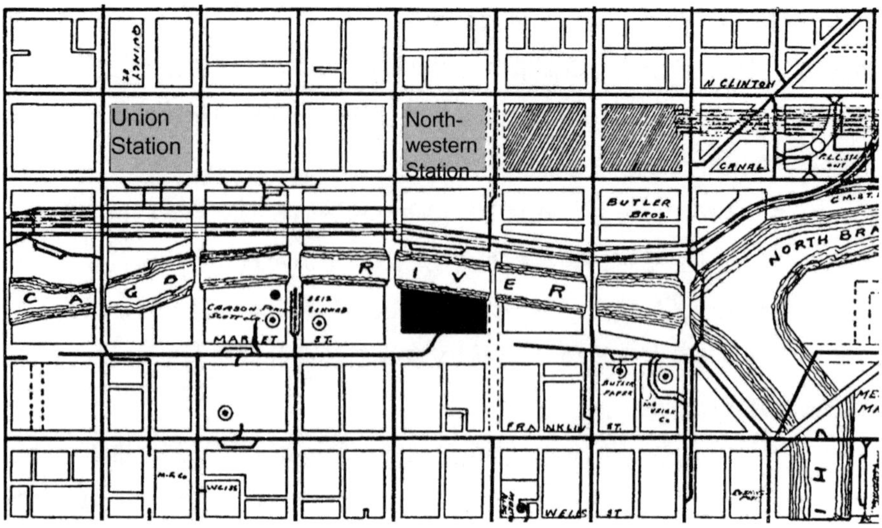

图 2-36 市立歌剧院
交通关系图
图片来源：笔者参考 bbs.
stardestroyer.net 内容绘制.
图片说明：黑色地块为
市立歌剧院建设用地，
灰色地块分别为西北大
学站和联盟站。

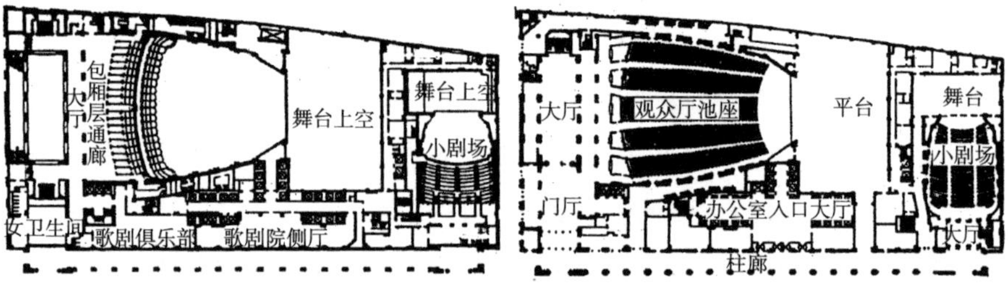

图 2-37 芝加哥市立
歌剧院平面图
图片来源：李道增，傅
英杰.1999.西方戏剧·剧
场史（下）.北京：清华
大学出版社：117.

（a）楼座平面图　　　　　　　　　（b）池座平面图

顿大道上都有入口，并将配套的办公大楼放置在较低矮的剧场建筑两侧。对
于剧场本身，设想容量在 3300~3700 人，40~50 个包厢，这反映出拒绝社会
特权，重视精英和普通员工利益平衡的理念，即普通员工也有机会坐在最好
的位置（图 2-37）。

　　安德森在 1924 年去世之后，GAPW 的设计工作由阿尔弗雷德·肖（Alfred
Shaw）负责。为了实现英萨尔的理念，肖在设计中与舞台导演、舞台技术方
面的专家一起合作。并确立了两个方面的主体设计思路：一方面，剧场要有
驻场的剧团演出公司，并有持续忠诚的赞助商。另一方面，不刻意确定简单
的舞台设施、视觉听觉、安全舒适等方面的要求。"不同的历史文化背景必然
产生不同的歌剧院，从一个城市到另一个城市，即使是在相同的城市，也有
不同的歌剧院。"（Chappell，1992）这一理念为英萨尔计划的实施奠定了基础，
即造就歌剧院和办公楼结合的综合建筑。在之后的设计过程中，设计师对原
初的方案做了一些调整，例如：为应对芝加哥滨河地质条件而进行的结构设
计调整、办公楼的增高、小剧场和宴会厅功能的加入等等。办公楼的设计体
现了 GAPW 公司的专业经验，为了更好的经营效果，办公室被设计成紧密围
绕中央交通空间的方式，将办公室面积最大化（图 2-38）。

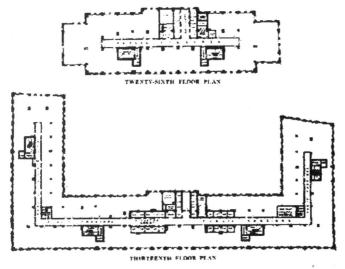

图 2-38 芝加哥市立
歌剧院大楼第十三至
二十六层平面图
图片来源：Architecture
Forum 52, 1930(4): 510.

图 2-39 芝加哥市立
歌剧院大楼外观（左）
图片来源：笔者拍摄

图 2-40 芝加哥市立
歌剧院入口大厅（右）
图片来源：同上

　　美国城市区划法（Zoning laws）、新的结构技术的进步使得这种混合的
方式倍受青睐。房地产价值的上升，城市规模的急速扩张，都在鼓励建筑师
更多设计规模庞大、功能复杂的建筑。市立歌剧院摆脱了"典型"剧场的类
型特征，尤其是隐藏了剧场建筑的台塔以及豪华的入口，在外观上，更接近
于办公楼。一个45层和两个22层的办公楼提供了超过7万平方米的办公空间，
建筑外墙呈阶梯状层层缩进，形成一飞冲天的视觉效果（图2-39）。进入剧
场入口，迎接观众的是一个奢华的大厅，在这里仿效了一些欧洲剧院的手法，
较之严肃略显呆板的立面，形成更浓郁艺术氛围（图2-40）。市立歌剧院的
多种功能混合的特点虽然混淆了歌剧院的建筑特征，但为英萨尔的企业树立
了强烈的可识别性，同时彰显了其将经营作为首要地位的宗旨。

2.4.3.2 市立歌剧院的募资和运营

建设市立歌剧院大厦的资金来源不同于一般的文化慈善捐款模式。英萨尔借鉴了他在电力企业管理方面的成功经验，即业务的成功在于服务于大量普通消费者。英萨尔为剧场的建设成立了英萨尔公用事业公司。英萨尔拒绝大的捐助者，而是鼓励任何员工和客户都可以通过每个人投入较低的费用而获得一定的所有权份额。英萨尔同时号召社会各界捐款，截至 1929 年市立歌剧院大楼落成，他成功吸引了超过 1 万人的捐款，并通过对艺术的支持，使他成功融入上流社会。

在歌剧院的经营方面，英萨尔也借鉴了他在企业运作方面的经验。他的电力企业总是通过广告暗示消费者新型电器的使用和未来发展的优势。在歌剧院的运营中，英萨尔则通过当地报纸宣传歌剧院举行的艺术教育活动。通过增进民众艺术知识，培养潜在的消费群体。为了吸引芝加哥大量的德国移民，歌剧院还特别出资支持德国歌剧节目的制作（Insull，1916）。此外，在全美各地巡回演出过程中，市立歌剧院分发广告手册，促进的不只是歌剧，更是城市本身。可见，英萨尔以其精明的策略，从筹款到扩展歌剧艺术影响，都挑战着歌剧作为一个纯粹文化或社会机构的传统观念。

2.4.4 洛克菲勒中心

纽约市的洛克菲勒中心（Rockefeller Center）项目于 1931 年启动，是混合使用的典型代表。美国城市土地协会的研究称之为"在概念、规模、物质设计和服务方面的开发先驱"。该项目最初构想是为大都会歌剧院提供场馆。出于对创建新歌剧院的热情，小约翰·D·洛克菲勒（John D.Rockefeller，Jr.）支持建造一座大型办公楼作为建筑群组成部分的提议，为的是大都会歌剧院能够以房租收入来维持自身运营。这一项目中不仅包括剧场、超高层办公楼，还带有零售、餐饮等功能。

然而，1929 年至 1933 年的经济大萧条（The Great Depression）使这一构想无法完全实现。虽然大都市歌剧院最终没有在这里安家，但洛克菲勒仍然希望建设一个庞大的建筑群来增加就业机会。项目于 1931 年动工，经历近 10 年落成。建成之后的洛克菲勒中心占地达到 8.9 公顷，拥有 19 座高层办公楼，成为当时全球范围内最庞大的商业建筑群（图 2-41）。

洛克菲勒中心将地下零售、餐饮等功能和通道相结合，形成庞大的地下购物步行街。通过地下空间将各个主要建筑连接成一体，并可延伸到地铁站（图 2-42）。这种交通方式不仅为人们的活动提供方便，还节约了大量的土地，为营造地上公共活动空间创造了可能。在这些公共活动空间中最为

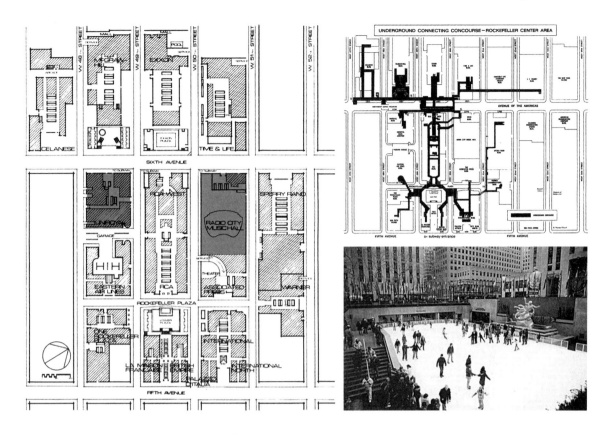

著名的就是位于建筑群中央的下沉广场。下沉广场在夏天可用于举办各种展览，供人们休息、交往，在冬天则变成滑冰场（图2-43）。洛克菲勒中心招揽了众多跨国公司总部，如通用电气、时代华纳公司等。这些公司带来庞大的消费人群，而洛克菲勒中心的两座剧场则旨在满足这些人群的文化消费需求。

2.4.4.1 R.K.O. 中心剧院

R.K.O. 中心剧院建设用地原本是用于建设大都会歌剧院的。由于大都会歌剧院没有进驻这里，洛克菲勒便决定自己投资建设 R.K.O. 洛克塞（Radio Keith Orpheum Roxy）剧院，后改名为 R.K.O. 中心剧院（R.K.O. Center Theater）。该剧院 1932 年底建成后，由于没有合适的使用方来运营，曾一度作为无线电城音乐厅（Radio City Music Hall）的电影厅来使用。该剧院观众厅平面采用马蹄形布置（图2-44），拥有三层楼座（图2-45、图2-46）。R.K.O 中心没有像欧洲歌剧院那样巨大的侧舞台和后舞台，主舞台配置了转台，规模虽然较小，但是功能较为实用。

该剧院在 1934 年转换为商业音乐剧的演出场地，1940 年之后又进行冰上表演，1950 年用作 NBC 电视转播厅。1954 年，由于洛克菲勒中心整体地价的攀升，为了追求经济利益，这个剧院被拆除并建起新的办公楼。

图 2-41　洛克菲勒中心总平面图（左）
图片来源：方顿. 1997.
独一无二的洛克菲勒中心. 世界建筑，（02）：64.

图 2-42　洛克菲勒中心地下交通系统（右上）
图片来源：陈一新.
2006. 中央商务区（CBD）城市规划设计与实践.
北京：中国建筑工业出版社：9.

图 2-43　下沉广场用作滑冰场（右下）
图片来源：http://news.
jinti.net/shenghuofuwuzixun/
626418.htm.

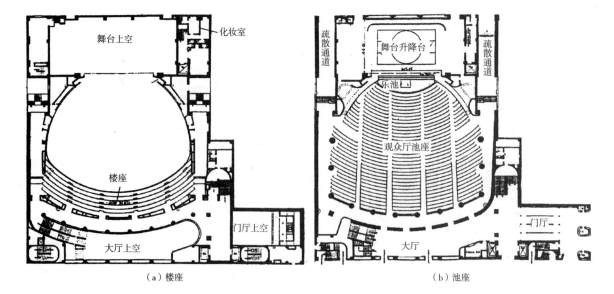

（a）楼座　　　　　　　　　　　　　　　　　　　　（b）池座

图 2-44　R.K.O. 中心剧院平面图（上）
图片来源：李道增，傅英杰. 1999. 西方戏剧·剧场史（下）. 北京：清华大学出版社：120.

图 2-45　R.K.O. 中心剧院剖面图（左下）
图片来源：李道增，傅英杰. 1999. 西方戏剧·剧场史（下）. 北京：清华大学出版社：121.

图 2-46　R.K.O. 中心剧院室内（右下）
图片来源：http://www.nealprincetrust.org/id189.html.

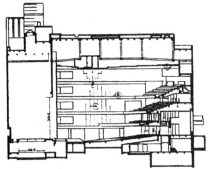

2.4.4.2　无线电城音乐厅

洛克菲勒中心无线电城音乐厅（Radio City Music Hall, Rockefeller Center）是美国 20 世纪电影院剧场的代表作，主要用于电影放映、音乐剧和歌舞演出，强调娱乐性。美国营利性剧场的特征在这一剧场中得以全面反映：该剧场拥有 6250 座的超大容量，而舞台却很小（图 2-47）。由于观众厅空间巨大，在室内装修上采用层层缩小的拱形吊顶，如同电波发散一样。吊顶内装有各色灯槽，随着不同的演出内容变换光色（图 2-48）。舞台设施在当时可算十分完善、高级。舞台灯光采用当时十分先进的遥控装置，并在天幕正反两面都设有幻灯投影设备。舞台机械则采用水压升降台。

无线电城音乐厅吸引了大量纽约观众，并持续繁荣 40 年之久，为纽约人留下深刻的记忆。到 20 世纪 70 年代经济危机的再度爆发，洛克菲勒财团准备像处理中心剧院一样将其拆除转建办公楼，却遭到纽约市民的强烈反对。最终这座剧场被列入美国国家历史文物保护建筑，建筑得以保存，市民反对的风波才平息。

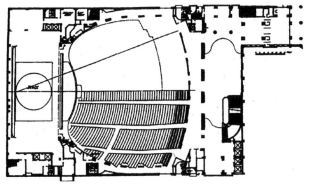 

图 2-47　无线电城音乐厅平面图（左）

图片来源：李道增，傅英杰. 1999. 西方戏剧·剧场史（下）. 北京：清华大学出版社：123.

图 2-48　无线电城音乐厅室内（右）

图片来源：http://en.wikipedia. org/wiki/ .

2.5　本章小结

本章对西方演艺建筑历史演进中的功能混合现象进行梳理。可以看出，由于观演活动是神明祭祀活动的延伸，在剧场建筑诞生之时，其空间就不是孤立的。希腊时期剧场往往与神庙结合，或者与演讲堂、音乐厅结合。剧场本身也是许多城市卫城的必要组成部分。随着罗马时期社会文化倾向的转移，演艺空间也被赋予不同的概念：世俗娱乐的场所。罗马的剧场往往与市场、竞技场合建在一起。

中世纪的黑暗使得演艺建筑发展几乎陷于停滞，然而多种演出形式改头换面，以顺应教廷的方式潜滋暗长。这也为文艺复兴后演出活动世俗化奠定了基础。文艺复兴之后,欧洲的贵族供养艺术形成一种风气。尤其在欧洲大陆，演出团体在贵族的资助下，开始拥有自己的剧场。而 17 世纪后，歌剧逐渐成为欧洲最受宠、最高贵的艺术形式。欧洲各个国家宫廷纷纷不甘示弱，为了显示财富和尊严，建设了大量歌剧院。从此，欧洲大陆剧场建筑成了独立的文化纪念碑。

相对于欧洲大陆，英、美剧场走上了较为独特的道路。尤其是美国，继承了英国商业剧场的特征。在私营企业蓬勃发展的背景下，一些商业领袖希望赞助城市公共文化事业，投资建设新的、大型的剧场无疑是最能展现个人实力和对社会的贡献。然而剧场建筑不仅在建设过程中需要大笔资金，更大的开销在于建成后的运营中。于是芝加哥的商业精英最先想到了靠周边地产资助剧场运营的方法，即将演艺建筑纳入混合使用开发的新模式。

第 3 章

当代演艺建筑混合使用的产生背景

通过前一章的梳理可以清晰地看到，在漫长的历史发展过程中，演艺建筑的功能混合现象长期存在。及至当代，在工业革命的推动下，社会格局、人们的生活习惯、科技水平等等无不在发生着变化。城市中许多原有建筑类型被新的建筑类型所取代。在这一背景下，演艺建筑通过自身的变化与城市演进相协调，仍然在城市中占据重要地位。当代演艺建筑混合使用的兴起，不仅仅是一种修建模式的表现，其背后隐含着诸多因素。正是各方面因素推动，造就了演艺建筑新的混合使用趋向。

3.1　城市发展的需求

3.1.1　城市规划理论演变

18世纪的工业革命（The Industrial Revolution）使得机器取代人力，大大提高了劳动力和生产效率。这种生产模式的转变也极大地影响了城市的面貌。工业革命以前，在封建社会内部发展起来的早期资本主义城市，其城市结构与布局与先前的封建社会城市无根本的变革。但18世纪工业革命出现了大机器生产后，引起了城市结构的根本变化。大工业的生产方式，使人口和资本逐渐集中，城市规模不断增大，城市空间无序混乱。城市的突然膨胀使得原有城市管理制度不再适用。工业化的城市于是发生了许多新的问题：环境恶化、卫生条件落后、犯罪率高涨、交通拥堵等等。然而，17、18世纪，欧洲很多城市的规划、建设仍然停留在古典主义充满理想色彩的阶段。

3.1.1.1　从机械理性规划到功能主义

面对城市的变化以及诸多问题，一些建筑学者和社会学者纷纷提出自己的城市理论以应对日趋复杂的问题。例如：圣西门（Saint-Simon, 1760-1826）、傅里叶（Charles Fouries, 1772-1837）、欧文（Robert Owen, 1771-1858）受到莫尔（Thomas More, 1478-1535）的"乌托邦"概念的影响，提出"空想社会主义"理论；霍华德（E.Howard）的"田园城市"思想[①]（图3-1）；盖迪斯（P.Geddes, 1854-1932）的综合规划思想[②]（Leonardo, 1967）。这些理论体现了对资本主义早期残酷剥削的质疑和人本主义理想的诉求。

与人本主义者不同，另一些崇尚工业社会、对未来充满希望的建筑师基于现代技术的发展，提出了"机器主义城市"的主张。较有代表性的有：西班牙工程师马塔（A. S. Matao）于1882年提出的带有城市分散主义思想的带型城市（Linear City）概念（图3-2）。带型城市希望通过一条高速、高运量的交通轴线连接城市的诸多生产要素和城市空间，这样的交通轴线可以向两端无限延伸以摆脱城市规模增长的束缚。然而，这一概念却忽视了商业

① 田园城市（Garden City）由英国城市规划师霍华德（E. Howard）于1898年针对英国快速城市化所出现的交通拥堵、环境恶化以及农民大量涌入大城市的城市病所设计的，以宽阔的农田林地环抱美丽的人居环境，把积极的城市生活的一切优点同乡村的美丽和一切福利结合在一起的生态城市模式。田园城市是为健康、生活以及产业而设计的城市，它的规模能足以提供丰富的社会生活，但不应超过某个程度。

② 1915年，帕特里克·盖迪斯（Patrick Geddes）出版著作《进化中的城市》，通过生态学说解释了城市与区域经济发展的关系，提出将城市与乡村的规划纳入到同一个体系中来。盖迪斯是西方区域综合研究和区域规划的创始人，是使西方城市研究由分散走向综合的第一人；首次为人文地理学提供了规划基础；提出"城市集聚区"（组合城市）；最早注意工业化、工业革命对人类社会的影响；重视人们对城市多样化的要求，公共参与使城市更有活力。

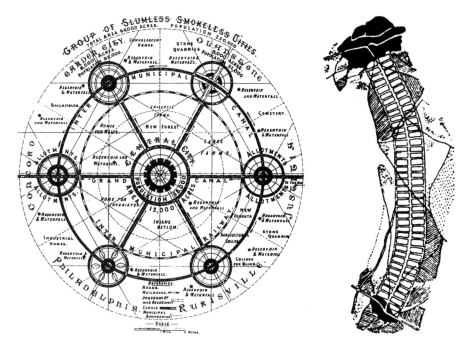

图 3-1　田园城市示意图（左）
图片来源：http://lms.ctl.cyut.edu.tw/.

图 3-2　带型城市示意图（右）
图片来源：http://www.regionalworkbench.org.

经济和市场利益的基本规律，缺乏对商业经济的考虑，使得城市空间增长的集聚效益无从体现。法国建筑师戈涅（T.Garnier）于 1901 年提出工业城市（Industrial City）思想。戈涅认为，工业成为城市的主宰是历史必然，城市规划要顺应这一社会需要。城市各要素要像机器零件一样按照需求和环境集聚在一起，并进行严格的分区，以形成可以良性运转的秩序。戈涅的工业城市思想直接影响到后来柯布西耶提出的集中主义城市，以及《雅典宪章》中对于城市功能分区的思想。

3.1.1.2　功能主义的批判

　　1928 年国际现代建筑协会（CIAM）①成立，并在之后的几年中开始重点探讨城市规划理论的相关议题。国际现代建筑协会的主要发起人柯布西耶起草了现代主义城市规划宣言——《雅典宪章》，并且在 1933 年第四次大会上通过。《雅典宪章》倡导功能分区思想，提出将城市功能整体上划分为居住、工作、游憩和交通四大基本类型。总体上，这一宪章倾向于物质决定论的思想原则，认为通过对物质空间的良好设计可以影响人的行为，进而构建良性的城市环境。

　　早在 1922 年，柯布西耶发表了《明日城市》（*The City of Tomorrow*）一书。展现了他对于功能主义和理性主义的追求。1923 年，柯布西耶出版了他的论文集《走向新建筑》。在该书中他提出了机械美学的观点和相应的理论体系。这些思想也体现在印度昌迪加尔（Chandigarh）城市规划和主要建筑设计中。城市里极其明确的功能分区，反映了《雅典宪章》的基本原则。然

① 1928 年世界主要的现代建筑大师会聚在瑞士的日内瓦，成立了世界上第一个现代建筑家的协会组织——国际现代建筑协会（CIAM）。

而，昌迪加尔规划后来却造成了严重的社会问题：明确的功能分区造成了社会分化，市中心规模宏大却过于僵硬机械、空间环境冷漠等等。与之类似的，1950 年代科斯塔（L.Costa）与尼迈耶（O.Niemeyer）主持设计的巴西新首都巴西利亚城市规划和主要建筑设计，也追随柯布西耶的"形式理性主义"思想。最终由于单纯讲究物理性能和视觉效果，忽视了人们的心理需求，而造成与人们现实生活脱节的结果。

《雅典宪章》产生于西方发达国家的工业革命已经完成的时代，社会形成大量物质积累，但同时也引发城市各种新的问题。尤其是面对工业和居住混杂无序的状况，功能分区的方法确实可以起到缓解和改善的作用。同时，功能分区的思想相对于古典的形式主义的城市规划思想也是重大的进步。但是，功能分区的模式仅仅是简单地将城市各种功能活动加以区分并通过交通机械的联系在一起，忽略了社会与文化的多样性及其内部复杂的关联，造成了城市活力丧失、多样性匮乏等问题。这样的城市规划的结果往往是设计师的理想，而与现实城市生活相去甚远。

3.1.1.3　城市混合使用思想

"二战"后至 1960 年代末，以现代建筑运动为支撑的功能主义规划思想在战后西方城市的重建和快速发展过程中，发挥了积极而重要的作用。二战结束后，西方的城市规划在总体上基本延续了以理性主义与物质规划为主的思想路线。到了 1960 年代，现代主义满足了更多人的居住、生活需要，越来越多的人居住在城市。然而，城市却没有提供一个亲切的环境，导致贫富悬殊、犯罪率高、人际关系日趋淡薄等问题日益严重。

1961 年，美国学者雅各布斯（Jane Jacobs，1916–2006）出版了《美国大城市的死与生》（*The Death and Life of Great American Cities*），提出城市规划者应当重新思考现代主义城市规划制度化的合理性，这是战后城市规划开始由工程技术向关注社会问题转型的重要标志。在该书中，雅各布斯批评《雅典宪章》崇尚的功能分区的缺陷："没有考虑到城市居民人与人之间的关系，结果是城市生活患了贫血症，在那些城市里建筑物成了孤立的单元，否认了人类的活动要求的流动的、连续的空间这一事实。"（Jacobs，1961）

1977 年国际建协（UIA）在秘鲁利马的玛雅文明遗址马丘比丘制订了《马丘比丘宪章》。《马丘比丘宪章》并不是对《雅典宪章》的全盘否定，而是在其基础上进行完善、提升。《马丘比丘宪章》强调世界是复杂的，人类一切活动都不是功能主义、理性主义所能覆盖的，不能为了追求清楚的功能分区而牺牲了城市的有机构成和活力；并提出混合使用区的思想，即不能将城市视为各类功能的简单拼合，而应该构建一个多功能相融合的环境。

　　"20 世纪 60 年代之后,城市规划领域开始广泛运用系统思想和系统方法。《马丘比丘宪章》的诞生,标志着人们已经将城市规划看作一个不断模拟、实践、反馈、重新模拟的循环过程,认识到只有通过这样不间断的连续过程才能更有效地与城市系统相协同。"(孙施文,1997)在此期间出现了一些新的城市理念,如:城市中心区复兴、紧凑城市、精明增长等等都与混合使用开发有着类似的理念。

　　现代城市是不同资源、不同资金和不同信息以不同功能形式、在不同空间交汇。城市空间规划的目标始终在于如何提高效率。无论是提出功能分区理论的《雅典宪章》,还是批判功能分区的《马丘比丘宪章》,虽然从表面上看是相互矛盾的,但是其出发点却是一致的,都是基于降低交流成本、提升交流效率这一核心目的。前者旨在通过同类活动的聚集来实现该类活动效率的提升,而后者则是通过降低不同活动之间的转换成本获取整体效率的提升。两者孰是孰非,并无定论,其关键就在于综合效率的提升。比如说在规模过大的城市,分区带来的同类活动的提升,很有可能会导致不同类活动之间转换成本更大程度的提升。这种情况下,过于明确的、严格的功能分区就不是一个很好的选择。

　　从城市规划理论演进过程中可以看出,今天所倡导的混合功能较之前其他自发的混合功能布局的特点在于主动性的人为参与。目的明确的人为干预使得功能的混合更加科学有效,功能构成更加合理,指标体系更加科学,空间结构更加完善。从而避免了自发性功能混合的盲目性和单一功能分区的诸多弊病,达到优化城市空间结构,疏解城市交通拥堵的目标。此外,在主动地鼓励和引导下的功能混合开发也更加具有发展的动力,并能得到更加有利的保障(图 3-3)。

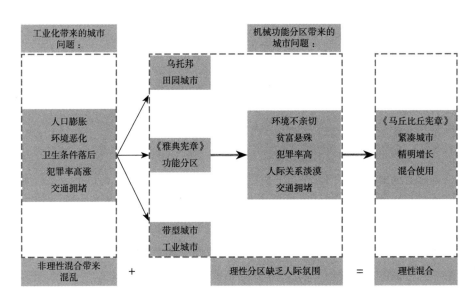

图 3-3　主要城市规划理论演变及其特征
图片来源:笔者绘制

3.1.2 当代城市发展的新需求

3.1.2.1 城市产业转型的需求

"二战"以后，世界主要发达国家产业结构逐渐发生转变，产业结构经历了从以制造业为主导到以第三产业为主导的变化过程，即产业结构的高级化过程。在这些国家中许多工业型和资源型的城市逐步转变成为后工业时代的新型产业城市，这些城市作为制造业中心的职能基本被终结，城市作为服务中心和消费场所的功能逐渐加强。文化产业在这一转型的过程中展现出了极强的活力，并为城市产业的转型提供了充足的动力。这一动力不仅在于文化产业本身的高附加值，而且在于其对相关上下游产业的巨大带动作用。随着更多的资本、信息、人才逐渐向这一领域流入，城市的空间形态也开始产生积极的变化，城市对周边区域的集聚和扩散效应逐步加强。

在现今经济全球化的大背景下，产业分工更加精细，低端产业向高端产业的发展成为必然。文化产业以其绿色、低碳、附加值高、相关产业带动能力强等诸多特点成为城市转型的重要方向之一。在国家层面上，文化产业不仅是经济结构升级的方向，而且是一个国家整体实力的象征。

3.1.2.2 旧城区振兴的需求

西方发达国家经历工业革命之后生产力的飞速进步以及社会物质财富积累，已经形成了商业和制造业十分壮大和集中的大规模城市。在 20 世纪初期，这些城市形成了功能十分完备的公共服务设施和服务体系。但是，由于当时交通工具和相关技术的条件所限，这些城市的公共职能例如法院、学校、市场等建筑，仍然集中于城市中心地带。

轨道交通的发展使一部分富裕人群有机会远离喧嚣的城市中心，迁往城市郊区居住。而"二战"之后汽车工业的蓬勃发展为更广泛的人群提供了便利的出行工具。使得更多人可以晚上居住在城市郊区，白天驾驶汽车去市中心工作。然而，方便的交通工具加重了城市中心的交通压力，城市中心区环境日趋恶化。越来越多的贫困人口集中在市中心，进一步加剧了治安方面的问题。这就形成了城市中心区的衰落问题，乃至今天，很多西方城市仍然没有完全脱离这一困境。

城市中心区通常开发历史起始得更早，区域内遍布已经使用数十年以上的老建筑。面对这些旧城区，一种简单、粗暴的方式就是大面积拆迁，在原地建设新的建筑。旧建筑通常保留了城市的特定历史记忆，反映了不同时代的社会特征、技术特征以及人们的生活习惯。有些重要的旧建筑附带着重要的历史事件，或者已经成为城市的名片。所以这种大拆大建的方式实际上忽略了旧建筑的独特价值，被越来越多的人反对。因此，这些旧城区越来越需要新的、合适的功能和产业来复兴其活力。

3.2 表演艺术的困境与出路

3.2.1 20 世纪以来各种娱乐形式竞争

歌剧、交响乐等现场表演艺术虽然被人们认为是一种高雅的艺术享受,但同时它们也是一种娱乐的形式。人们观看演出大多出于休闲、娱乐的需求。每个人面对自己有限的娱乐开销时,就要与其他娱乐方式进行比较。这不仅体现在同为现场性娱乐的形式之间,例如观看体育比赛、观看芭蕾舞、观看音乐会等。也体现在现场与非现场不同媒体之间。尤其是随着 19 世纪以后留声机和电影问世之后以及 20 世纪以后的电视机、磁带录音机、VCD 影碟等技术的进步,使得现场表演艺术也要受到来自诸多非现场娱乐媒体形式的挑战。

通过对过去人们在娱乐方面的消费情况,可以清晰地看到多种娱乐形式、多种媒体间的竞争关系(图 3-4)。"从 1929 年到 1997 年,消费者在表演艺术和相关类别的娱乐活动上的消费在个人可支配收入(DPI)中所占的比例。以 1929 年作为基准年(该年指数为 100),以指数形式绘制出消费者在表演艺术、电影以及体育活动中的门票开销在其个人可支配收入中所占的比例,并特别标出了各年间消费在这些现场观赏活动类别上的变化趋势。每一既定年份的指数计算方法为:本年门票支出在 DPI 中所占的比例 ÷1929 年门票支出在 DPI 中所占的比例 ×100。"(James,2001)可见,现场表演艺术在现场体育比赛和电影的冲击下,受到一定影响,但总体上起伏变化不十分明显。从消费者支出所占比例可以看出,现场性表演艺术更倾向于一种奢侈品消费,当人们变得更加富有时,就会进行更多这方面的支出。

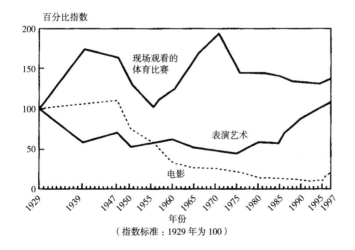

图 3-4 美国门票消费在个人可支配收入中所占百分比
图片来源:James Heilbrun, Charles M. Gray. 2001. The Economics of Art and Culture. England: Cambridge University Press: 15.

第二次世界大战之后，电视和广播得以日渐普及，这对人们的娱乐活动方式产生了更大的影响。及至 20 世纪 70 年代，发达国家家庭电视机的普及率已经接近 100%。电视的火热直接影响到电影市场的消费。因为这两种媒体之间有着较为相似的特征，都是通过平面银幕或荧幕向人们传达内容。然而，电视的普及对于表演艺术的影响却较少。这是因为现场性表演艺术所获得的实际空间感和现场感是上述两种媒体所不具备的。尤其是对于戏剧演出，演员在演出过程中常常与观众会形成互动，即观众某种程度上作为主题参与进了演出过程中。如果演员发挥良好，观众报以热烈的掌声和鼓励，演员接下来就可能更能够将演技发挥得淋漓尽致，反之则会有不利的影响。对于芭蕾舞这种强调实际空间感受的艺术则更为明显。任何有一定艺术欣赏能力的人都不会认为通过电视也可以完美地享受芭蕾舞演员丰富的肢体信息。

3.2.2　表演艺术的经济困境

3.2.2.1　现场表演艺术的生产力滞后现象（Cost–Disease Effect）

任何产业生产力的增长都代表着该行业总产品的供应量增长速度高于人口增长速度，进而人均可以获得更多的产品或服务能力。生产力的增长在各个行业之间的模式并不相同。例如在汽车制造业中，在 50 年前一个产业工人一天可以生产 10 辆汽车；但在今天，通过技术进步或者管理水平进步，每个工人每天可以生产 100 辆汽车。这便是生产力增长的常规表现。通过这种增长，一种产业中一个工人的产出可以为更多人服务，进而社会总的财富得以增加，每个人不论从事什么行业都会从中获益。但有些行业则例外，这些行业被称为"生产力滞后"的行业[①]，如教育行业、理发店、餐饮行业等，现场表演艺术也是其中之一。这些行业有一个显著的共同点，就是行业生产力难以通过技术进步或者管理进步得到提升。

现场表演艺术存在生产力滞后现象，这一问题在鲍莫尔（William J. Baumol）和鲍恩（William G. Bowen）1966 年的著作《表演艺术：经济的两难问题》中有详细论述。"这里的两难问题是指，为表演艺术筹集资金将不可避免地面临单位成本上升的情况。"（Baumol，1966）[164] 在现场表演艺术中，演员对于演出作品的服务性产出并不是由大型机械或相关技术决定的。当然，这并不意味着科技进步对于舞台演出没有影响。例如更精确的遥控技术降低了布景工人的工作量、提高了舞台设施安全性，空调设备的进步也提高了演员、观众的舒适程度。但整体上来说，这种技术进步对于现场表演艺术生产力的进步贡献很少。更高级的舞台升降机、更智能化的灯光吊杆、LED 布景的应用并不会使单位数量的演员供给更多现场观众服务，也不会将一出戏剧演出

① 以理发店为例，一个理发师在 50 年前每小时可以为 2 名男性客人服务；而在今天，虽然理发刀变成了电动的，但理发师仍然要一对一地进行服务，并且操作流程仍然没有变化，因此在单位时间里，理发师的生产力并没有显著提升。对于这种行业虽然生产力增长较为困难，但从业人员工资仍随着社会整体经济形势而获得提升。这种提升是一个被动的过程，即当理发师的生活成本提高时，如他的住所房租上涨、餐饮价格上涨、交通费用上涨等等，理发师会被动地增加服务价格以应对生产成本增长。

的时间缩短。一出瓦格纳的歌剧在 100 年前需要 50 名演员演出 4 小时,在今天,仍然需要同样数量的演员演出同样长度的时间。与此同时,对于现场性演出,能够支持的观众容量在一百年前和今天也几乎是相同的,视距和观赏角度都是影响能够服务的观众总人数的重要限制条件。

3.2.2.2 大众传媒的工资效应(Mass Media Wages Effect)

20 世纪以来电视、电影等大众传媒的发展对于现场性表演艺术的影响不止局限在消费竞争方面,同时还与表演艺术展开生产要素的争夺。对于表演艺术,最重要的生产要素莫过于演员了。然而,一名戏剧演员却不仅可以表演戏剧,还可以从事电视剧、电影作品的演出以及录制唱片等。因此,戏剧演出团体和电视剧制作人、电影制作人就会竞相开出更高的价码吸引更知名、更有才华的演员为自己服务。

那么大众传媒和表演艺术在这场竞争中谁更占优势呢?前文已经对现场表演艺术的生产力滞后现象有所叙述,表演艺术难以通过科技进步实现生产力的相应幅度的提升。而大众传媒却不相同,因为电视、电影这种媒体可以通过拷贝形成规模效益。以电影为例,一名演员花费 6 个月的时间参与一部影片的拍摄,这部影片通过拷贝复制可以几乎同时让全世界的亿万观众观看。随着科技进步,电影拷贝的成本越来越低,所以单位演员单位时间能够提供的服务就越多。这种生产成本的降低就会为演员带来更为丰厚的收入。相比之下现场性表演艺术则无法直接做到这一点。因此,在这场竞争中,大众传媒可以付给演员更高的工资。相应的,现场表演艺术为了吸引演员参与演出,就必须相应提高自身的工资付出,这也就直接增加了表演艺术的生产成本。例如,"像帕瓦罗蒂(Luciano Pavarotti)[1]这样的世界级明星,在演出时会提出巨额报酬费用的要求,因为通过当前多种媒体形式,明星的介入可以为演出吸引世界范围内的大量观众,从而直接带动票房收入或电视收视率。"(Rosen, 1981)此外,明星演员收入的提升也会带动相关配角演员的收入,进而形成演出人员报酬的整体增长。托马斯·盖尔·摩尔在其对美国剧院经济的研究中发现了这一问题。在他对美国大萧条时期百老汇剧院的经营研究中,发现"好莱坞有声电影的出现,实际上增加了百老汇的经营成本,虽然在大萧条时期美国全国整体工资成本都在下降"(Moore, 1968)[15]。

3.2.3 应对资金压力的尝试

表演艺术团体或艺术家如果想要获得资金上的收益,一种方式是将自己的艺术作品出售换取回报。这种方式表面看起来是直接而理所应当的,但实际上可能有损艺术作品的质量。因为,如果出于售卖艺术作品换取利润为目的,

[1] 鲁契亚诺·帕瓦罗蒂(Luciano Pavarotti,1935-2007),世界著名的意大利男高音歌唱家。

那么艺术作品就要以市场为导向，以利润为最终目的，对于高雅艺术，将有可能牺牲某些艺术追求而沦为市场的奴隶。另一种方式就是艺术团体或艺术家通过艺术作品之外其他经营方式赚取收益。

表演艺术中心作为一种演艺活动的家园，在20世纪60年代早期开始出现。及至当前在许多繁荣的大城市中，仍然是一种重要的演艺建筑模式，例如纽约林肯中心、华盛顿特区的肯尼迪中心等。这些通常耗资巨大的建筑群将剧院、音乐厅和其他设施合并在了同一屋檐下。演艺中心不仅为艺术提供了最为周全的硬件条件，还是人们重视艺术的一种象征。以林肯中心为例，林肯中心是目前世界上规模最大的表演艺术中心，拥有22个演出场地、12个演出机构。早期的林肯中心被设定为一个高雅艺术的圣地，成为纽约人引以为傲的可以与欧洲城市媲美的艺术殿堂。然而，当高高在上的艺术只能被少数人欣赏和消费时，越来越多的商务活动和消费人群离开了这里。从城市整体角度看，演艺建筑不能仅仅成为代表城市形象和艺术水平的"纪念碑"，不能仅以几场高质量的演出作为演艺建筑成功的标准。即使演出非常精彩，也要有周全的服务设施与之呼应。不能让观众无所事事地站在富丽堂皇的广场上等待演出开始，观看几小时演出后再饥肠辘辘地回家。

"今天，林肯中心正在重塑自己的形象，在广场上举办聚会，贴近年轻和多元化的观众，试图改变它以往给普通民众的沉闷印象。对于演艺建筑，其运营成本会常带来巨大的资金压力。为了获取更多经营收入，林肯中心采取了多种经营的方式，通过开设商店、画廊、餐厅与酒吧等设施，服务那些被表演艺术吸引而来的观众。在保持林肯中心原有的安静、开放的基础上，注入新的活力，将艺术拓展到到街边来。"（中宣部文化体制改革和发展办公室，2005）[8] 林肯中心这种多元化的经营不仅是对观众多样化消费的满足，也是当前众多演艺建筑缓解资金压力的普遍做法。

3.3 地产开发的新趋势

对于地产开发单位，不论是私营开发商还是城市开发主管单位，要塑造成功的地产项目必须要紧密围绕消费者需求。随着生产力水平的提高，人们的需求已经不局限在维持健康生活的物质消费，而更加注重精神层面的满足、产品的精神附加值等方面。表演艺术消费在这一背景下受到越来越多的追捧，人们不再满足于坐在家中观看电视节目，而是将欣赏表演艺术融入社会交往和身份彰显等行为。因此，当代地产开发也围绕这一消费行为变化，有了新的空间特征。

3.3.1 当代消费行为研究的理论进展

19 世纪末，西方社会经过生产力的巨大飞跃，一些经济学家敏锐地将目光从生产转向消费。带动消费研究的古典经济学家马歇尔（Alfred Marshall）[①]认为经济学不应单单研究财富的问题，还应更加关注人在消费中展现出的欲望以及如何满足这些欲望的问题。在马歇尔的理论中，消费水平与科技有着密切的关系。随着科技的进步，商品变得更加廉价，通信、交通变得更加便利，人们的消费水平和生活质量也随之提高。社会的发展使得消费者表现出越来越看重当下的消费、闲暇和享受。

20 世纪以来的一些经济学研究愈加重视对消费的分析。20 世纪 30 年代，经济学家凯恩斯（John Maynard Keynes）[②]提出全社会有效需求[③]的匮乏是导致美国等西方国家在 20 世纪出现大萧条的主要原因。政府的适度干预是解决这一问题的最佳办法。政府可以采用扩大财政开支、货币通胀、调低利率等政策来刺激消费扩大需求，增加投资实现就业从而来打破这一恶性的循环使经济重返正常的轨道上来。"二战"之后，贝克尔（Gary Stanley Becker）[④]将经济学理论扩展到对人类行为研究。西方对于消费行为的研究随着微观经济分析范围的扩展而逐步深入，并逐渐成为消费经济学的理论基础。经济学家迪顿（Angus Deaton）和米尔鲍尔（John Muellbauer）在《经济学与消费者行为》（*Economics and consumer behavior*，1998）一书中提出由众多个体消费行为构成的消费是一切生产活动和市场活动的最终目的。

3.3.2 消费行为转变对建筑的影响

这些经济学的理论研究为我们揭示了一种新的空间研究视角，即以消费行为演变解释当代消费空间特征。当代消费空间的发展趋向包括以下几个方面。

3.3.2.1 精神消费空间的扩张

在生活需求已被基本满足的当今社会，消费需求更多地从物质需求转向精神需求。马斯洛（Abraham Harold Maslow）的需求理论[⑤]解释了这一消费结构转变的内因，即出于自我实现的目的，休闲、娱乐、社交等精神消费逐渐成为高等级消费的目标。与此相对应的展览馆、剧院等精神消费型场所在城市消费空间中的比例逐步扩大，并与满足日常需求的传统消费空间相互融合，构成当代多维度（物质、精神）、多方向的消费空间特征。

③ 这里的有效需求是特指全社会总供给与总需求达到平衡时的社会总需求。如果需求大于供给，则资本家会扩大再生产并增加就业；但当供给大于需求时，资本家则会收缩生产解雇工人，而工人失业又会导致需求的进一步降低，从而形成恶性循环。

④ 加里·斯坦利·贝克尔（Gary Stanley Becker）把经济理论扩展到对人类行为的研究，开辟了一个以前只是社会学家、人类学家和心理学家关心的研究领域，并以此获得诺贝尔经济学奖。

⑤ 亚伯拉罕·马斯洛（Abraham Harold Maslow，1908-1970），美国社会心理学家。马斯洛需求层次理论（Maslow's hierarchy of needs）是行为科学的理论之一，于 1943 年在《人类激励理论》论文中所提出。该理论将需求分为五种，从低到高按层次逐级递升，分别为：生理上的需求，安全上的需求，情感和归属的需求，尊重的需求，自我实现的需求。另外两种需要：求知需要和审美需要。这两种需要未被列入到他的需求层次排列中，他认为这二者应居于尊重需求与自我实现需求之间。

3.3.2.2 多样消费空间的集聚

在 20 世纪中叶，大型超市和购物中心两个商业业态的产生很大程度上影响了现今消费模式和消费空间。大型超市是满足日常基本消费的集聚，购物中心则代表了休闲消费、购物消费等更高层次的精神消费的集聚。

自从 1963 年巴黎家乐福成为世界上第一家现代意义的大型超市起，这种高度集聚的消费场所带给人们以全新的消费体验。在这一消费空间中消费者可以在同一个地方同时购买到各种各样商品，仓储自取式的经营形式降低了商品成本。这种集聚化的消费空间大大简化了消费的过程，降低了人们花在日常基本消费上的经济成本和时间成本。在基本消费成本降低的同时，集休闲、购物、娱乐为一体的购物中心则更多地迎合了现今社会对精神消费的需求。自 20 世纪 70 年代以来购物中心在传统零售业的基础上，更多地融入了游乐园、电影院等文化类消费的内容，从而将物质消费与精神消费集中在一起，形成了一种物质、精神消费高度集聚的消费场所。并且在可预见的将来这种集聚和混合将成为城市消费空间的重要发展方向。

这些商业设施的进步为演艺建筑的混合使用的业态提供了一种发展思路和实践基础。既然购物中心可以通过纳入游乐园、电影院这样的设施增加吸引力，那么纳入演艺建筑也存在可能，这在后文中还会展开分析。

3.3.2.3 符号消费价值的凸显

1899 年，凡勃伦（Thorstein B Veblen）[①] 在其著作《有闲阶级论——关于制度的经济研究》（*The Theory of the Leisure Class–An Economic Study of Institutions*）一书中认为：随着社会经济的发展有闲阶级与劳动阶级相分离，二者的消费性质截然不同。劳动阶级的消费大多是用于维持其基本的工作生活，有闲阶级的消费则以显示自己社会经济地位为目标。同时，后者的高消费对前者产生着示范的效应，有闲阶级的炫耀性消费方式往往成为劳动阶级向往的对象。

在这一基础上，鲍德里亚（Jean Baudrillard）[②] 结合了索绪尔的符号学理论[③]，创造性地提出商品的另一属性——"符号价值"概念。鲍德里亚认为，符号价值是独立于马克思主义认为的商品具有使用价值和价值之外的又一商品属性。这项研究赋予市场中的商品两个属性：功能性和符号性。功能性是指商品本身能够满足消费者生理和心理的需求，亦或是满足消费者的使用需求；符号性是指商品通过其外在特性，包括商品外观设计、生产企业的企业文化、商品的广告等传达商品内在的文化意义和社会意义，但是商品的符号性有时不能表达商品的所有功能。

因此，随着经济社会的发展，人们对于商品价值的需求不再局限于商品

① 托斯丹·邦德·凡勃伦（Thorstein B. Veblen，1857—1929）是制度经济学的鼻祖。1899 年出版《有闲阶级论——关于制度的经济研究》（*The Theory of the Leisure Class-An Economic Study of Institutions*）。凡勃伦在书中力图用进化思想来研究现代经济生活。认为工业体制要求勤劳、合作、不断改进技术，而统治企业界人士却只追求利益和炫耀财富，这两者的矛盾限制了生产的发展和技术的进步。

② 让·鲍德里亚（Jean Baudrillard，1929–2007），法国哲学家、社会学家。关注马克思主义政治经济学，其代表作《消费社会》（1970）一书从消费的意义上解释了时下的社会、《符号政治学批判》（1972）开始运用符号学研究媒体和现实向结构的转化。

③ 费尔迪南·德·索绪尔（Ferdinand de saussure，1857–1913），瑞士语言学家，是现代语言学的重要奠基者，也是结构主义的开创者之一。代表作《普通语言学教程》（*Cours de Linguistique Generale*）一书中，索绪尔将符号分成意符（Signifier）和意指（Signified）两个互不从属的部分之后，真正确立了符号学的基本理论。

的使用价值，而是开始追求商品的符号价值。商品的这种象征意义催生出当代富裕阶层通过符号消费（Symbolic Consumption）[1]，以实现彰显自己身份地位的目的。同时，消费者对于商品符号性的追求越来越高，如消费时间、购物地点、商品商场、品牌服务等等，消费品的消费空间也日趋具有符号化特征。

人们对于视觉娱乐的消费也遵循这一特征。首先兴起的是电影院线，采用品牌化连锁店的形式，以独特的店面装饰形成差异化的消费体验。然而，在品牌全球化过程中，商品的符号化建设最终导致城市空间同质化。表演艺术以其现场性和空间独特性成为人们标榜的对象。去剧场观看著名艺术家的演出，成为当前炫耀自身消费能力和艺术品位的行为。从空间角度来看，演艺建筑具有了高等级的"符号价值"。

3.3.3　房地产业的理念转型

消费行为和消费空间的转变对于当代房地产业的投资理念有着直接的影响。房地产开发商售卖住宅或者商业建筑能够获得利润的高低，已经不能单纯考虑建设造价、固有土地成本，而更应该重视其附加价值。这种理念上的转型也是促成演艺建筑混合使用的一个重要因素。

3.3.3.1　房地产盈利模式的转变

"二战"后，主要西方国家经济实力得以恢复，房地产业的投资能力进一步提高。很多地产商已经不再满足于购买土地、建造房屋、变卖盈利这种循环往复的常规投资、盈利模式，纷纷寻找新的利润增长点。通过一定的先期投入，营造良好环境，进而拉升土地价值的做法变得更为常见。文化、艺术类设施成为一种新的投资选择。由于其盈利能力很弱却需要巨大的资金投入和漫长的建设周期，以往房地产业对这类投资没有多少热情。但是在当代消费行为转变的背景下，这些设施显示出独特的魅力。虽然诸如博物馆、美术馆、剧场这样的建筑本身难以盈利，却可以为区域塑造良好的氛围、吸引大量游客前来参观。这就为周边房地产的后续开发奠定了基础。而被这些设施吸引来的外地游客也会为当地带来很多消费。因此，文化、艺术类设施在房地产业眼中成了新的价值增长点。

3.3.3.2　刺激消费的理念驱动

这一盈利理念的转变进一步发展，进而体现在延长消费时间上。较为典型的案例是对美国购物中心混合使用经验的反思。美国的购物中心在 19 世纪就已经有所实践，但在之后的数十年内发展较为缓慢。早先的购物中心功能较为单一，即以购物为主，附加一些快餐、办公、电影院等设施。总体上来

① 鲍德里亚提出的"符号消费"理论打破了传统经济学"理性经济人"理论假设。传统"理性经济人"认为人们在消费时是理性的，消费的目的便是追求消费商品带来的效用最大化。而效用指的是商品满足人们欲望的能力。他认为，商品的符号价值才是人们在消费过程中追求的商品效应。包括消费品的社会属性、文化特征，消费者对消费品的主观属性判断，特别是商品体现的符号属性促使消费者进行符号消费。符号消费既能显示自己个性的差异性，还能体现消费者的身份和地位，彰显其品位。

说，并没有形成系统的消费体验或休闲体验。20 世纪 70 年代的石油危机使得很多购物中心难以盈利，很多经营者才意识到延长购物者消费时间的重要性。"给厌倦、迷惑的顾客带来点新鲜的东西显得十分重要。甚至打折扣这一传统的吸引顾客的手段也显得不够了。人们在购物时还要享受娱乐。以巨型影剧娱乐中心为核心的商业综合体（Megaplex-Centered Mall）提供了新的模式。在美国加州安达里奥·米勒斯广场，拥有 214 个商店，环绕在一个包括一家室内动物园，两个溜冰场和一个剧院的建筑群外围。普通的购物者在一次传统的商业街购物时，平均只花费一个多小时，但在安达里奥·米勒斯广场的零售商可望使每个顾客平均在这里逗留 3.5 小时。可见，在这一现象背后，是娱乐业而不是商店充当了磁铁的角色。"（Wolf，2001）[20] 使得购物中心也开始从"购物"中心，变为"集购物、餐饮、休闲、娱乐为一体"的消费场所。（钱学敏，2009）[24] 可见，通过纳入娱乐功能，大型混合使用项目可以为周边商业作出积极贡献。城市居民在此能够购物、用餐及娱乐。商业则可以在满足顾客需求的基础上获得更多盈利。

3.4　演艺建筑混合使用趋向的生成

通过前文的分析，我们已经可以对演艺建筑混合使用趋向生成的动力机制形成一定的认识。关于城市、表演艺术和地产开发三方利益的结合，Harold R. Snedcof 在其《Cultural Facilities in Mixed Use Development》（1985）一书中已经作出一些梳理。此处亦借鉴其著作中的观点加以总结。

3.4.1　城市的需求和作用

城市对于文化、艺术类设施的需要几乎是永无止境的。因为这些建筑可以为城市带来活力、为城市树立良好的形象并提高城市品位。通过这些提高，城市将变得更具吸引力，进而增加税收、就业机会，并促进城市土地增值。然而，城市主管部门动用税收资金修建这些昂贵的建筑会带来沉重的财政负担。私人资金则可以为这些建设提供资金。但是，单纯的付出用以资助这些不赚钱的设施是不符合市场规律的。如果城市要吸引私人资金介入，就需要提供一定的好处。

城市主管部门拥有土地所有权并控制着土地审批的权力，而且还为项目提供基础设施。虽然城市主管部门难以直接投资建设文化、艺术设施，但是他们仍然掌握着控制项目资金筹集的工具，如：调整土地价格、调整经营税收等机制。这也使得城市主管部门有必要在演艺建筑混合使用项目中扮演领导角色。不仅仅在项目启动阶段，还包括前期的策划、对各个参与团体的利益分配等方面都起着关键的作用。其对整个项目的参与程度超过了经济范畴，更多体现在对城市全局、市民利益的整体把握上。因此，城市主管部门有能力通过给予私人开发商相应的有利政策、法规，来吸引私人资金投入到文化、艺术设施的建设中，以共同营造良好的城市环境。

3.4.2 表演艺术的需求和作用

无论是表演艺术家还是演出团体，都需要专业的、设施齐备的建筑空间来施展艺术才华。而这些建筑、设施也需要充足的资金，保障其良好的运转。

作为回报，在演艺建筑混合使用项目中，表演艺术可以为其他产业、功能提供最有价值的资源——消费者。通过艺术作品展现，一方面演出团体可以产生一些资金收入，使艺术家、艺术作品声名远播。另一方面，艺术作品为零售店和饭店吸引顾客，为酒店吸引旅客，为办公楼吸引租户，为居民楼吸引买主。艺术观众大部分受过良好教育且富裕，正是混合使用项目其他功能需要的顾客类型。

表演艺术还赋予整体开发项目以强烈的个性、营销焦点和品质形象，满足前文所述符号化消费的需求。表演艺术常常吸引受过较高教育的消费人群的观众，而这些人的消费取向又会对其他不了解艺术的人起到带动作用，因此可以为项目整体带来滚动式增长的社会影响力。

表演艺术的价值还体现在公共文化服务方面。通过艺术的熏陶，无疑可以提高大众的文化修养，这是城市整体文化发展的基础。同时，艺术的发展也是提升城市活力、加强城市吸引力的重要手段。

3.4.3 地产开发商的需求和作用

私人开发商为演艺建筑混合使用项目投资为的是获取利润。一方面的来源在于城市主管部门提供的有利政策。在相关政策的扶持下，开发商有机会降低整个项目的开发成本。另一方面来源于表演艺术的带动作用，为项目整体塑造营销优势。艺术的存在可以形成强烈的、积极的形象，能够使一个项目从其竞争者中脱颖而出。这种对消费者产生的吸引力能够促进项目的盈利。

开发商不仅为演艺建筑混合使用项目注入资金，同时也需要付出他们的专业经验。这种项目会为开发商带来更多的利益回报，但其前期投入更大、实施起来更加复杂、开发周期更长。这就需要开发商从规划、设计、资金筹集、建造、操作和营销等各个环节都有更为专业的管理和技术体系。因此，如果不是规模较大、经验丰富的开发机构，往往难以胜任这样复杂、庞大的项目。

基于以上三方面主体特征分析，可以得出三方面主体利益的共赢是当代演艺建筑混合使用模式生成的根本动力（图3-5）。

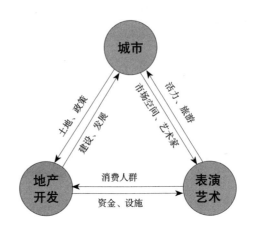

图3-5 城市、表演艺术、地产开发三方利益关系图示
图片来源：笔者绘制

3.5 本章小结

随着生产力的进步，以机械的功能主义为代表的城市规划理念已经不再适合当代城市发展的新需求。"二战"以后，发达国家城市普遍面临着贫富悬殊、人际关系淡漠等问题。一些学者敏锐地注意到机械的功能分区对城市活力的制约，并提出混合使用的主张。随着产业的转型，当代城市面临着更多新的问题，如中心区衰落和旧城区保护这样的问题。为了重振城市活力，城市主管部门积极寻求一种新的手段。艺术以其独特的价值，不仅可以为衰落的城市中心吸引更多人群，也十分适合城市转型的需要。

现场表演艺术在20世纪受到电视、电影等媒体的冲击，曾经一度衰落。虽然当人们意识到现场演出的独特魅力而在20世纪后期重返剧场，表演艺术仍然面临生存的考验。关注现场表演艺术的经济学家为我们找到了答案：一方面，表演艺术的现场性使得其无法像电影一样随着技术进步而大量复制，无法提高劳动生产效率；另一方面，当前的电视、电影媒体需要高质量的演员，并能付出较高的工资，因此对现场表演形成工资竞争，提高了现场表演的成本。在这一窘境下，表演艺术团体常采用一些盈利举措，或寻求资金支持以保证艺术质量。

地产开发商在当代消费行为转变的驱动下，开始寻求个性更独特、形象更积极的开发项目。表演艺术无疑可以满足消费者显示身份的符号性消费活动。同时，消费者也希望获得一站式消费的便利。然而，演艺建筑巨大的建设和维持费用让人望而生畏，表演艺术的经济困境也让很多地产商不愿投资。

　　将演艺建筑纳入混合使用开发的模式因应这一背景而获得青睐。城市、演艺团体、开发商这三者的需求在这一模式中获得契合，而三者通过各自的独特作用，使得每一方都可以获得足够的回报。在这一模式下，城市为了提高活力为开发商提供优惠的政策；开发商通过混合使用模式由其他功能为表演艺术提供资金；表演艺术为周边功能吸引大量消费者，并恢复城市活力。三者形成利益共赢的良性循环。

第4章

当代演艺建筑混合使用的产业模式

① 协同论（Syncrgetles）
是"新三论"中最为
核心的观点，也最具
有普适意义。协同论
认为整体中的各部分
之间存在相互影响又
相互合作的关系。

本章旨在揭示演艺建筑混合使用形成的根本价值基础。无论是开发商、城市主管部门还是表演艺术团体，都无法回避利益获取的需求。即便是公益性演出，艺术家的贡献也是建立在牺牲自己可以用来营利的时间成本基础上的。当代演艺建筑混合使用项目由于表演艺术作为主导产业的介入，在产业组成特征上有着独特的表现。这种产业关系、产业组成其实也直接指向了建筑的功能组成和功能关系。

4.1 协同模式

4.1.1 协同效应的理论背景

协同效应（Synergy Effects）这一概念产生于化工领域，指的是物质各部分通过组合产生大于各部分简单叠加的总和，后被引入企业管理领域。由于不同产业有着不同的需求并能产生不同的价值，通过产业间的合理搭配，能够形成共享资源、降低成本、互利互惠的经营局面。产业间的协同效应正是基于协同论①原理，指的是产业间通过优势互补形成"搭便车"的相互作用，达到"1+1>2"的经营效果。

演艺业由于自身营利能力的局限性，为了艺术的良性发展，有必要得到资金支持。这种支持一方面来自于国家的公共事业支持和私人捐赠。另一方面，在经营中通过与其他产业的混合，不仅可以为消费者提供更全面的服务，还能达到多元共赢的经营效果。

4.1.2 演艺业与其他产业结合的必要性

表演艺术的消费与消费者的欣赏能力和经济实力有着直接的关系，只有既想观看演出，又有能力为观看演出付出金钱、时间的消费者才能成为观众。而观众的消费行为对表演艺术的增长有着至关重要的影响。对于消费者需求的分析在经济学中常常采用"效用的最大化"的原则，即当消费者选择消费品时，会基于马斯洛需求层级理论的原则选择对自己最有效用的消费品。基于这一理论，我们也可以认为，当消费者没有足够的消费能力时，更倾向于满足自身基本生存需求的消费品，而不会选择高雅艺术这类精神层面的消费品。同理，当消费者欣赏能力有限时，会对表演艺术作品的价值大打折扣，也就会寻求适合自己欣赏品位的认为物有所值的消费品。

4.1.2.1 观演消费的边际递减现象——多元业态的必要性
消费者购买一件物品，那么他会希望从对该物品的获取中得到一定的满足感。但是他再次购买同一物品的时候，这种满足感会有所降低。因此，消费者从该物品中获得的满足感，与他拥有该物品的数量相关，即拥有同类物品数量越多，消费者获得的满足感越弱，最终将趋向于消失。这就是经济学中的"边际效用"[①]概念。当对其他商品消费量保持不变时，消费者增加对任何一种商品的消费，该商品的边际效用就会减少，即所谓边际递减现象。虽然目前通过科学的方法很难明确衡量边际递减的效果。但在现实生活中，这种现象是普遍存在的。

人们对于表演艺术的欣赏也存在边际递减现象。例如观众在一个晚上观看了一场瓦格纳的戏剧，他可能获得很愉快的感受，然而接下来如果在同一晚或者几天内继续欣赏同一场戏剧，获得的满足感就会降低。表演艺术中类似的作品也会有这样的效果，人们如果在一星期之内连续观看戏剧演出、交响乐演出和芭蕾舞演出，获得的感受也会有所降低。

演艺业通过与其他产业的结合则可以降低边际递减现象对观众消费热情的影响。当然，其他行业也面临着这种递减规律。因此，通过多种功能混合的方式，使消费者有多样化的消费选择，不仅可以为其提供更全面的服务，也使消费者对各种消费内容保持新鲜感。

4.1.2.2　艺术欣赏能力的培养——吸引观众的必要性

观众对于表演艺术的消费不仅受到边际递减规律的影响，对表演的"偏好"也是影响其进行艺术消费的重要因素。而这种"偏好"又是基于观众欣赏能力的一种表现。

当人们购买一双鞋的时候，有的人喜欢皮鞋、有的人喜欢布鞋，有的人喜欢黑色、有的人喜欢白色。这就是消费者需求的"偏好"在起作用。对于表演艺术也是如此，有的观众喜欢古典交响乐、有的观众喜欢歌剧演出，有的人对表演艺术并不了解，难以看懂其中的精彩，而更喜欢在家看电视。这种"偏好"的选择在生活中是普遍存在的。大多数经济学家认为经济杠杆会对消费者的偏好产生自然地反映。如果市场上对于黑色皮鞋的消费增加，自然会抬高黑色皮鞋的价格，就会有更多的厂家生产黑色皮鞋，其他物品以此类推。

然而表演艺术的消费则与这些常规的物品不同。斯蒂格勒（George Stigler）[②]和贝克尔（Gary Stanley Becker）[③]在对音乐消费的研究中指出："音乐消费中产生的边际效用依赖于消费者已经消费的总量及其欣赏音乐的能力，而欣赏音乐的能力又是以往音乐消费经验的反应"（李怀亮，2006）[110]。也就是说，由于人们对于表演艺术的欣赏需要一定的欣赏能力，这种欣赏能力需要对艺术形式的了解和许多观看演出经验的积累。因此，对某种演出作

① 边际效用价值论是在19世纪70年代初，由英国的杰文斯、奥地利的万格尔和法国的瓦尔拉提出的，后由奥地利的庞巴维克和维塞尔加以发展的资产阶级经济学的价值理论之一。其特点是以主观心理解释价值形成过程，认为商品的价值是人对物品效用的感觉和评价；效用随着人们消费的某种商品的不断增加而递减；边际效用就是某物品一系列递减的效用中最后一个单位所具有的效用，即最小效用，它是衡量商品价值量的尺度。它还提出了市场价格论，认为市场价格是在竞争条件下，买卖双方对物品的主观评价彼此均衡的结果。

② 乔治·斯蒂格勒（George Stigler），1982年获诺贝尔经济学奖。长期从事有着鲜明经验主义导向的研究工作，涉及的范围非常广泛，其中尤以在市场活动研究和产业结构分析中所做的贡献最为重要。他的研究工作之一是调查经济立法如何影响市场。他对经济立法效力的研究使得管制立法的产生，并为经济学研究开创了一个全新的领域。主要著作：《生产和分配理论》（1941）、《竞争价格理论》（1942）、《价格理论》（1946年版，1952年版，1964年版）、

（接上页）
《产出和就业的趋势》
（1947）、《教育事业的
就业和报酬》（1950）、
《关于国家的正当经济
作用的对话》（与人
合著，1963）、《经济
学史论文集》（1965）、
《产业的组织》（与人
合著，1968）、《公民
和国家》（1975）、《作
为传道士的经济学家
及其他论文》（1982）。

③　加里·斯坦利·贝
克尔（Gary Stanley
Becker），1992 年获得
诺贝尔经济学奖。主
要成就：把微观经济
分析领域扩展到包括
非市场行为在内的人
类行为和人类相互关
系的广阔领域。主要
著作：《歧视经济学》
（1957）、《人力资本》
（1964）、《犯罪与惩罚：
经济分析法》（1968）、
《家庭行为的经济分
析》（1976）、《家庭论》
（1981）。

品的前期消费越多，消费者的欣赏能力就越高，就越热衷于这一艺术。甚至有些观众会对某位艺术家产生狂热的崇拜，这时的观演消费就不能以观众的收入能力或边际递减来衡量了。

因此，刺激表演艺术消费变得十分重要。只有先培养出一定的观众群体，使观众对表演艺术有所了解进而逐渐喜欢，才能产生更多的观赏需求。这种培养的过程需要一个良好的环境和漫长的时间。接下来讨论的降低票价的需求，就是为这一目的服务。虽然表演艺术十分昂贵，但仍然要通过各种手段降低消费者的经济负担，这样才能培养出喜好艺术欣赏的观众群体。

4.1.2.3　替代品的价格竞争——降低票价的必要性

对于任何娱乐品的消费都有多种类似的替代产品可供选择。因此，当消费者选择对某种产品消费时，不仅要衡量其产品自身价格，还要比较类似的消费替代品的价格。例如消费者对于皮鞋的消费在某种程度上要看布鞋的价格，因为这两种材质的鞋在使用功能上存在雷同。如果皮鞋相对于布鞋过于昂贵，则会有部分消费者转向购买布鞋。同样的选择也会出现在表演艺术行业，当歌剧的票价非常昂贵时，就会有消费者转而欣赏交响乐演出。如果交响乐演出过于昂贵，不十分富裕的人们可能选择购买唱片来满足视听需要。当前表演艺术更面临更多类型替代品的竞争，例如书籍、电影、影碟、体育比赛、杂技表演等等。

在消费过程中，消费者面对的常常不是单一的一种商品。当前很多商品需要与其他商品结合使用才能真正实现其使用功能。例如，人们在购买一套计算机设备时，必须购买各种软件才能实现功能。在这种情况下，人们对于购买软件的热情就会受到计算机设备价格的影响。对于表演艺术，则情况更为复杂，因为人们观看演出经常不是最终目的，演出常是进行社交的一种手段，在这一社交过程中人们不止观看演出，还需要进行餐饮消费、商务洽谈等活动。因此，门票的价格就与人们观看演出前的活动和之后的活动相关联，例如交通价格、就餐价格等。托马斯·盖尔·摩尔（Thomas Gale Moore）在其对百老汇进行的研究中发现："在百老汇度过一晚来观看剧作或音乐会的互补性费用平均占了总费用的一半。某种商品的需求变动方向总与其互补品的价格变动方向相反：假如在剧院度过一晚的非门票费用上涨了，那么对剧院门票的需求就会下降。"（Moore，1968）[87]

虽然面对这些替代品价格关联因素的影响，表演艺术仍然不是完全被动的。因为表演艺术的欣赏需要观众具有一定的欣赏能力，而这种欣赏能力是可以随着观看经验的增长而增长的。并且，随着欣赏能力的提高，人们会对其更加感兴趣。现场表演艺术与其他替代品的差异就为人们消费提供了充足的借口。例如痴迷于芭蕾舞的观众可能会认为观看电影是无趣的,无法满足自己对三维空间内演员肢体语言的体验。观众越加痴迷,对于门票成本的考虑就越少;那些"门外汉"的情况则与之相反。没有一定欣赏能力的消费者会认为观看一出歌剧是十分无聊的,远不及一幕电影带来的满足感强烈。因此,降低门票价格有可能吸引欣赏能力较差的消费者前来,并进而逐渐培养其观赏兴趣。

4.1.3 演艺业与其他产业结合的可行性

演艺业的经济价值不仅体现在产生票房收入、购买服装道具这种直接消费中,还体现在更为广泛的经济带动作用。在经济学中,这种作用被称为间接消费和引致消费。这一经济现象为演艺业与其他产业协同发展、互利互惠提供了可能。

4.1.3.1 间接消费和引致消费

Heilbrun 与 Gray 在其著作中认为:在剧作演出过程中,演出团体对服装、广告的采购会引起当地产业的进一步消费。例如:演出团体在当地购买演出服装,那么支付给服装厂的购物款就属于直接消费。这是演艺业与其他产业的第一轮经济关系。对于服装厂来说,为了制作这些产品,就需要购买布料、纽扣、装饰配件等等,还要支付房租、水费、电费。如果布料、纽扣这些物品从外地购买,就不属于当地经济活动的收益。另外房租、水费、电费必然是在当地消费。这就形成了对其他产业带来的第二轮经济影响。而以此类推,相关产业使用的房屋建设、当地电力企业又会在当地购买部分原料,同时在外地采购形成漏出消费。这样一种消费关系继续循环下去,直到漏出消费的积累与剧团开始购买服装的直接消费带来的推动作用相抵消。与之类似的是剧团对艺术工作者支付的工资。员工拿到工资之后,还会去商店进行购物、需要租住或购买住所、对其他娱乐产品进行消费等等。这些递进的消费都是由剧团的演出活动引发的,因此可以称为引致消费。

4.1.3.2 演艺与其他产业的资源互补

一些通俗性演出活动与商业的互动关系在市场生活中十分普遍。例如:产品发布会结合独特设计的演出进行、住宅楼盘销售时邀请明星前来走秀以及商业性街区进行的民俗演出等。这些表演都可以为商业活动营造良好的氛围,可谓互惠互利。

对于高雅艺术演出来说,也有着类似的互补关系。一些大型企业通过赞助高雅艺术,往往能够获得良好的社会形象。例如:奥斯卡颁奖典礼举办地

① 2012 年 5 月，著名的音响技术公司杜比实验室公司（Dolby Laboratories）获得该剧院冠名权，从此柯达剧场正式更名为"杜比剧院"（Dolby Theater）。

由柯达公司赞助命名为柯达剧场（Kodak Theater）[①]、由三得利集团赞助的日本东京三得利音乐厅（Suntory Hall）等。

更为重要的是，通过产业间协同作用，可以达到"1+1>2"的共生经济关系。在演艺建筑混合使用项目中，演艺业以其高雅的艺术特征形成一种消费符号，为周边商业设施带来可观的消费人群。另外，由于精彩演出而慕名前来的外地观众，可以享受便利的酒店住宿、餐饮和购物等服务，形成一站化的消费体验。

4.1.4 基于协同效应的功能分类

不同于普通意义上的混合使用项目，演艺建筑的混合使用开发中的功能主要可以分为两类：营利性功能和文化艺术类功能。对于营利性功能，与普通的混合使用开发类似，诸如零售、办公、居住、酒店、其他艺术设施和交通设施等等。只是纳入的文化艺术类功能，由于演艺业的特殊性而有所不同。

4.1.4.1 营利性功能

营利性功能是整个混合使用项目中获得利润的直接手段。多样化的营利性空间不仅满足人们的消费需求，同时也补充、完善了城市机能。以下对几种主要的营利性功能加以简要阐释，说明其各自在混合使用项目中的作用。

（1）办公

办公功能不仅能够为城市提供大量的就业岗位，也是税收和一切消费的基础。对于混合使用开发项目，办公功能有着重要的地位。办公空间通过出租可以为开发项目带来不菲的收益。通过对混合使用项目整体环境的良好塑造，更可以吸引大量租户，并提高单位租金。

（2）居住

在早期混合使用的一些实践中，居住功能较少出现。而近几年，以出租式公寓为代表的居住空间越来越多地融入混合使用开发项目。居住功能可以为混合使用项目提供稳定的常住性消费人群，提升项目整体活力。而成熟的开发环境可以提供更全面、更便利的居住环境，也能吸引更多的租户入住。

（3）酒店

酒店常常是混合使用项目中的重要业态。由于表演艺术的观众中有相当一部分来自其他地区，如果在项目中能够包括住宿功能就能够产生更强的吸引力。同时酒店可以将外地观众的消费时间延长，产生更大的消费可能。

酒店也是促进区域 24 小时活力的重要功能。在混合功能项目中，酒店的服务对象不仅是游客，也可以是周边的办公、居住功能的用户。尤其是有较高知名度的酒店，更能够对项目整体起到品牌带动的作用。

（4）零售

零售功能是混合功能项目中最常见的、也是最不可或缺的功能。虽然零售功能难以成为主要消费目标，但可以为项目整体中各个功能的顾客提供更加方便、更全面的服务。

零售功能的另一优势体现在空间的自由性，不需要其他功能对于集中和完整空间的要求，零售功能可以见缝插针、化整为零布置在项目的各个零散空间。也可以采用集中的方式形成购物中心。通过零售功能，可以将其他功能方便地连接为一个整体。

"零售功能服务的对象也十分广阔，不仅是项目内部的顾客，而且对于周边区域乃至驾车前来购物和过路性的消费者都可以形成吸引力[①]"（ULI，2003）[56]。

（5）娱乐

娱乐功能的优势在于吸引夜间消费者和塑造消费氛围。常见的娱乐设施包括电影院、休闲健身场等，有些大型项目甚至包括溜冰场、室内动物园。

在吸引消费者方面，娱乐功能与表演艺术有着类似的效果。娱乐功能常和零售功能设置在一起，通过娱乐的吸引力延长购物时间。另外，多厅影院的发展可以为顾客提供更为自由的时间安排。

（6）餐饮

餐厅、酒吧和俱乐部也是混合使用项目中的常见业态，尤其在夜晚和假期可以吸引很多顾客。餐饮类功能如果能够形成特色，就能够吸引很多回头客，也能够增强项目整体知名度。由于餐饮功能的营业时间常占据整个夜晚，因此需要注意噪声对其他功能的干扰。

4.1.4.2 文化、艺术性功能

文化、艺术性功能由于自身营利能力问题常常需要来自政府、慈善机构等的资金扶持。虽然这种功能无法为项目整体带来经营收益，但却可以为项目树立良好的形象并提升整体知名度。这类功能不仅能够吸引很多更具实力的消费者，也能够刺激当地土地价格、房产租金上涨。并且，这些功能的加入往往附带着一些城市主管部门提供的优惠政策，保证项目整体收益。

（1）表演艺术

表演艺术类功能是演艺建筑混合使用项目的主体功能，建筑类型上包括歌剧、戏剧剧场、音乐厅、多功能剧场等。表演艺术设施虽然投资巨大，但在建筑形象上通常可以塑造区域的标志性建筑，并形成艺术氛围，成为周边居民的焦点。表演艺术设施在夜晚和假日可以吸引大量观众，优秀的演出作品还可以吸引外地游客前来欣赏，拉动城市旅游业。这些观众也成为周边零售、

① ULI 关于混合使用开发的研究中认为，对零售功能的支持，主要来自以下四个市场：a.基地市场（the on-site market）——项目中办公空间的上班族、酒店的旅客、居民以及项目中其他功能吸引来的客源；b.周边市场（the nearby/local market）——能方便到达项目的周边上班族、居民（5~7分钟路程），以及周边地区的访问者；c.地域性市场（the regional market）——30分钟路程范围内的居民、上班族和访客；d.经过性市场（the transient drive-by market）——开车或步行去其他目的地时经过的客源。

餐饮、酒店等功能的消费者。另外，完善的演艺设施也为当地艺术团体的进步提供基础，并进一步提升城市整体艺术氛围。

（2）展陈

艺术画廊、博物馆这类功能主要在日间和假日运行。大多数情况下，如果没有流动的重要展出，展陈类功能难以吸引集中、大量的人流。但展陈类功能可以为区域营造文化性、知识性的环境。尤其是小型的展览空间，通过灵活布置与其他功能融合，为该功能增添文化气息。

4.1.4.3　其他辅助功能

（1）交通节点

交通节点是大量人流汇集的地方，并为消费者的造访提供便捷，这对混合使用项目中各个功能都是十分重要的。混合使用项目通过与交通节点的结合是目前常用的做法。例如：与城市轨道交通站点结合、与城市公共汽车站点临近甚至与城际交通相结合等。

（2）公共停车

多种功能的混合通常会使公共停车空间的设计变得更为复杂。由于项目之间在使用时间上的差别，为共享停车设施提供了条件。因此，大多数混合使用项目的停车空间需求低于各个功能独立停车需求的简单相加。这将在后面的空间策略章节中详细阐述。

4.1.4.4　协同功能案例——美国塔尔萨的威廉姆斯中心

美国塔尔萨市的威廉姆斯中心（1973-1978）由威廉姆斯地产公司开发，山崎实（Minoru Yamazaki，1912-1986）主持设计，是一座包含演艺设施的混合使用项目，总耗资2亿美元。"威廉姆斯中心坐落于塔尔萨市北部的俄克拉荷马中心商业区，总占地21.5万平方米，覆盖了9个街区。"（斯内德科夫，2008）[108] 该项目通过包含艺术的多种功能协同运作的方式，重振了塔尔萨市中心的活力，并对进一步的投资、开发起到带动作用。

威廉姆斯中心主要建筑包括以下内容（表4-1）：

"俄克拉荷马银行塔楼，是一座多租户的52层的办公楼；威斯汀酒店，是一座450间客房的豪华酒店；威廉姆斯中心会场，是一座封闭式3层的购物中心，内设名为"冰雪"的室内溜冰场，是塔尔萨唯一的一座；塔尔萨表演艺术中心，内有4座剧院和一座艺术画廊；两个多层车库（共可停放1684辆汽车）以及绿园（The Green）。这些建筑通过一个1万平方米的停车场将各部分连接起来（图4-1）。整个项目总建筑面积约278700平方米。"（斯内德科夫，2008）[92]

美国塔尔萨市威廉姆斯中心功能构成　　　　表 4-1

产业性质	产业分类	功能名称	规模
营利性功能组成	办公	俄克拉荷马银行塔楼	102190 平方米
		威廉姆斯中心塔楼 1	28799 平方米
		威廉姆斯中心塔楼 2	41842 平方米
	服务业	俄克拉荷马银行	3718 平方米
		威斯汀宾馆	450 间客房
	零售业	市场	14162 平方米
	娱乐业	电影院	700 座
		爱思滑冰场	1461 平方米
艺术类功能组成	塔尔萨表演艺术中心	查普曼音乐厅	2450 座
		约翰·H. 威廉姆斯剧院	450 座
		多功能剧院——演出厅 1	288 座
		多功能剧院——演出厅 2	210 座
		视觉艺术展览馆	372 平方米
		小计	15018 平方米
其他	外部空间	绿园	10000 平方米
		威廉姆斯中心高楼广场	4000 平方米
	交通	停车场	2134 停车位

资料来源：笔者根据斯内德科夫著《文化设施的多用途开发》一书相关数据整理

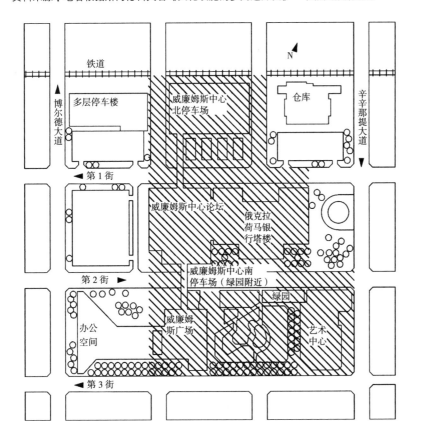

图 4-1　威廉姆斯中
心各功能分布图
图片来源：斯内德科夫 .
2008. 文化设施的多用途
开发 . 梁学勇，杨小军，
林璐，译 . 北京：中国
建筑工业出版社：108.
图片说明：威廉姆斯中
心即图中斜线覆盖区域

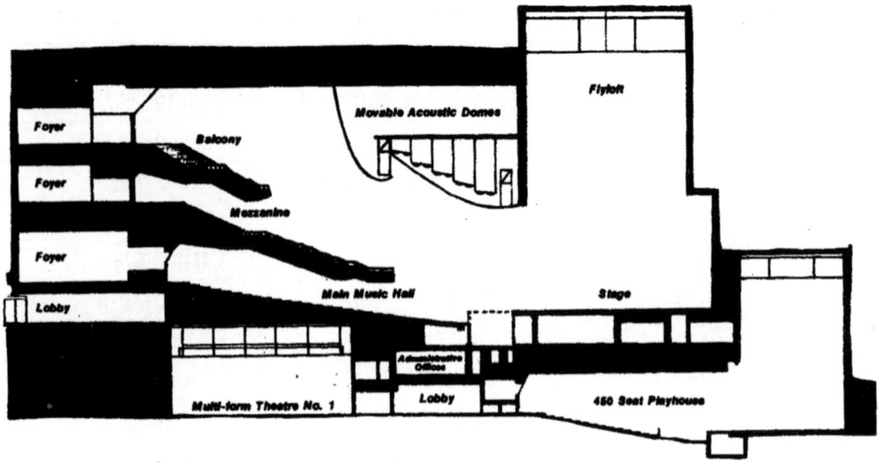

图 4-2 塔尔萨表演
艺术中心剖面图
图片来源：斯内德科夫.
2008. 文化设施的多用途
开发. 梁学勇，杨小军，
林璐，译. 北京：中国
建筑工业出版社：114.

　　其中，塔尔萨表演艺术中心拥有 4 个独立的表演区域，分别是含 2450
个座位的查普曼音乐厅，含 429 个座位的约翰·H. 威廉姆斯剧院、1 号演播
室和 2 号演播室。后两者是黑匣子剧场，可以根据活动的具体要求，灵活变
动容量。塔尔萨表演艺术中心（图 4-2）主要是驻场团演出，是塔尔萨交响
乐团、塔尔萨剧院和塔尔萨芭蕾舞剧院的演出基地，此外也出租给其他一些
演出团体，用于巡回轮演。另外，该剧场也是社区一些重要活动的场地，如
毕业典礼、节日义演、公司会议等等。演艺中心还包括一个视觉艺术展览馆，
可以举办各种巡回展览。艺术中心由塔尔萨市负责运营和管理，对营利和非
营利团体采取不同的租率。艺术中心 75%~80% 的节目都是地方制作，参与
演出单位包括塔尔萨芭蕾舞剧团、塔尔萨爱乐乐团、塔尔萨古典剧院联盟等。
（斯内德科夫，2008）[114]

　　威廉姆斯中心通过多种功能协同运营的方式取得了良好的经营效果。项
目的每个组成部分都从满足特定消费人群的角度出发进行设计，进而增强项
目整体运营效果。在高层写字楼中设置有商店和餐厅，可以满足上班族的日
间需求；酒店则可以服务于来此从事商务活动的访客；表演艺术中心、电影院、
溜冰场等设施不仅服务于项目内部办公楼的顾客，也对游客和购物者产生吸
引力。表演艺术成为这个项目成功的非常重要的因素。演艺中心在周边功能
的帮助下得以正常运营，使得当地演出团体逐渐发展壮大，艺术水平不断提高。
而这又进一步吸引了更多观众。项目整体营造的优越环境刺激了城市中心区
活力，餐馆和俱乐部的火热使得人们夜晚有了好去处。

　　以人为本的思想促成了这种协同作用，总设计师山崎实这样说道："一个
人生命中有 90% 的时间都在建筑物中度过的，这些建筑物对他而言必须是一
种乐趣，一栋建筑应该是可以给人带来幸福的。"（斯内德科夫，2008）[117]

4.2 价值链模式

基于价值链的产业模式在当今演艺业周边已有许多应用，并非是混合使用开发所独有，很多独立的剧场、演艺中心已经有很多尝试。英国的考文特花园剧场（Royal Opera House，Covent Garden）原先是一个独立的剧场，改造之后，许多时装、奢侈品专卖店集中到这个剧场周边。考文特花园剧场拿出地来给这些奢侈品商店，和去剧院人群的消费标准一致，可以在看戏的同时消费。另外就是有关戏剧和艺术的书籍也多在剧场附近卖，对于读者而言，即使可以在网上买，也是亲自去翻书看到内容好一些。弗兰克·盖里（Frank Owen Gehry）设计的迪士尼音乐厅（The Walt Disney Concert Hall），地下书店售卖各种艺术类图书，包括建筑草图。肯尼迪演艺中心（Kennedy Center for the Performing Arts）由贝聿铭设计，现在成为摇滚乐的圣地，包括纪念T恤、签名唱片、名人物品等各种相关商品都在此出售。混合使用开发为价值链延伸提供了更广阔的空间，以下将基于相关商业理论，阐述演艺业一些关联产业。

4.2.1 价值链的理论背景

价值链分析法（Value Chain Analysis，VCA）[①]认为企业价值增长的活动可以分为基本活动和支持性活动两类。基本活动包括生产、销售、售后服务等环节，支持性活动例如企业人事管理、财务管理、产品开发等活动。在企业运行的诸多环节中，并不是每个环节都创造价值，只有某些特定环节才真正创造价值。基本活动和支持性活动共同构成了企业的价值链。

演艺产业价值链是一个关于演艺主导的诸多产业间相互依存关系的概念。它所揭示的是演艺产业在运行过程中不同的产业形态间相互作用的价值关系。在一般的产业经济学中，这种关系称之为"产业关联"。演艺产业的价值链与一般产业不同，具有更全面的精神和意识形态特征。因此，它所体现出来的产业关联问题更主要表现为一个以产业的形态所展开的价值运动关系。

4.2.2 演艺业的产业关联

美国发展经济学家赫希曼（A.O.Hirschman）在其《经济发展战略》（*The Strategy of Economic Development*）一书中，强调产业关联在不同经济发展战略选择中的重要作用时提出产业关联理论。提出"在产业关联链中必然存在一个与其前向产业和后向产业在投入产出关系中关联系数最高的产业，这个产业的发展对其前、后向产业的发展有较大的促进作用。"（赫希曼，1991）

表演艺术要想健康发展，就需要与其他产业的发展相结合，通过扩展自

① 由美国哈佛商学院著名战略学家迈克尔·波特（Michael Porter）于1985年提出。

身价值链提高产业竞争力。在现代表演艺术生产和消费的环境下，演艺产业及其相关各种产业通过可以自由扩展的价值链联系为一体。通过多种产业的延伸，演艺业的价值也被最大化地加以实现。

4.2.2.1 前向关联产业

前向关联指的是一种产业产出的物品成为其他产业的投入品得以利用而形成的关系。这种价值链可以极大地扩展原创产品的附加值。演艺业与旅游业的结合就是前向关联产业的典范。旅游产业和演艺产业相融合，有助于延伸旅游产业链，而文化内涵的注入，使旅游产品更具深度。

旅游演艺产业注重内容创作，通过舞台表演手段，将旅游产品整体文化层次加以提升，并直接、形象地传达给消费者。旅游演艺产业的核心常是结合旅游产品特色而创作的演出，采用驻场团在旅游季中反复上演，服务于外来游客。从整体产业链来看，常包括前期的传媒、营销、广告等产业，作为配套服务的餐饮、酒店、零售等产业以及由演出内容衍生的出版、工艺品制作等产业。这些产业整合于旅游演艺整体产品中，并将核心的演出内容加以增值，将文化创作产业链延伸至制造业、金融服务业等更广阔的领域。

4.2.2.2 后向关联产业

"后向关联是指某一产业在其生产过程中需要从其他产业获得投入品所形成的依赖关系。"（胡惠林，2003）[98] 从物质角度来说，演艺产业常见的上游投入品包括服装、道具、布景等物品的生产。随着现代技术的发展，LED 显示屏、大规模投影的运用部分替代了传统软体、硬体的布景。无疑为演艺产业的进步起到推动作用。同时，演艺产业的繁荣也扩大了上游投入品的需求，扩大新技术装备的市场，并使得新技术装备的价格逐渐降低。

另一方面，演艺产业需要大量高素质的演员，需要依赖于艺术人才教育、艺术人才培训类的产业。例如包含 17 个街区的美国达拉斯市达拉斯艺术区的规划中，不仅包含达拉斯美术作品博物馆、达拉斯交响乐团莫顿·H·迈耶森交响乐中心、达拉斯剧院中心剧院、LTV 中心以及其他办公楼和居民楼，还纳入了一座艺术学校（图 4-3）。与艺术教育功能的结合，不仅出现于混合使用开发中，当前一些著名的演艺中心也将其作为一个重要的组成部分。例如：美国林肯中心的朱丽叶音乐学院（The Julliard School of Music）就是一座世界闻名的培养艺术家的高等学府（图 4-4）。肯尼迪表演艺术中心涵盖了更全面的艺术教育功能，包括家庭和儿童艺术教育，与学校合作开展的艺术教育，艺术管理人员培训，培养年轻演员、指挥和舞美人员几个方面。

4.2.2.3 循环关联

循环关联是指产业关联链条从某一产业开始，沿单一方向向前延伸，而

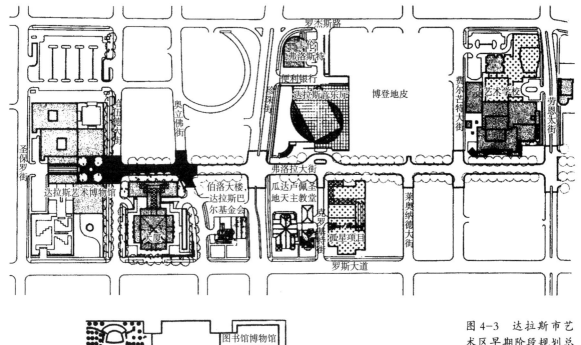

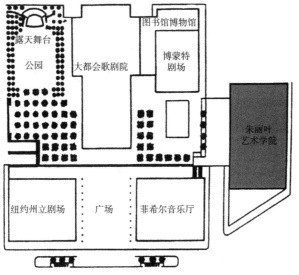

图4-3 达拉斯市艺术区早期阶段规划总平面图（上）

图片来源：斯内德科夫. 2008. 文化设施的多用途开发. 梁学勇，杨小军，林璐，译. 北京：中国建筑工业出版社：253.

图4-4 美国林肯中心总平面图（下）

图片来源：李道增，傅英杰. 1999. 西方戏剧·剧场史（下）. 北京：清华大学出版社：387.

最后又回到这一产业。例如戏剧演出的发展带动和促进了剧本创作的发展，而剧本创作的繁荣又反过来成为戏剧进一步发展的推动力量。这里一个重要的助推力量就是戏剧业的发展提高了文学作品的传播能力和消费受众，而消费的需求又进一步刺激了文学创作的繁荣，最终这种繁荣又对戏剧演出质量提出了新的更高的要求，正是这种要求推进了戏剧业的扩张。

4.2.3 演艺作品授权产业

授权产业是以版权转让为核心而形成的文化产业形态。它是由版权所有人授权使用其版权而形成的产业。它可以是纯粹意义上的文化产业，也可以

是其他产业，例如食品和服装产业，因而是各种文化产业价值链实现的典型
产业形态。授权产业的种类很多，主要有艺术品授权和品牌授权两大类。授
权商品的上游产业包括动漫、数字娱乐、电影、电视、出版、艺术等文化产业，
中游产业包括品牌中介、版权代理、行销推广，下游产业就是由授权而产生
的制造业。

现代文化产业与传统文化产业的一个典型区别在于艺术作品授权。传统
艺术作品通常强调原创性与唯一性，例如一些画作或雕塑作品，这种特征为艺
术精品的收藏提供了基础，然而同时也对其艺术价值传播形成一定限制。艺术
授权打破了传统艺术的一些局限性，首先是在授权的约束下，传统艺术作品可
以通过复制的手段形成规模效益，使单一的艺术作品同时被更广泛的社会大众
欣赏。这通常不仅不会有损原作的艺术价值，而且能够极大地增加原作的影响
力并形成更广泛的产业链延伸。例如百老汇和伦敦西区的音乐剧从不轻易出售
舞台表演的影像制品，直到舞台演出到一定程度之后才搬上银幕。一部成功的
音乐剧仅从各种类型版税中就可以获取超额利润，比如机械灌录许可及其版税
（Mechanical licenses and royalties）许可将剧目复制成各种媒介（DVD、唱
片等）以及艺术品制作、巡回演出、电影版权等。同时，艺术作品的授权对
于艺术作品的创作形成反作用，只有能够通过授权带动更广泛市场潜力并形
成巨大影响力的作品才能在激烈的市场竞争环境下得以生存。

4.3　集聚模式

如果同一产业内的企业在一个地区集聚，那么他们同样也会吸引其
他产业的企业来这里从事经营活动，这被称为集聚经济（Agglomeration
Economies）。演艺业在发展过程中，不仅存在自身产业内部不同演出企业、
演出团体的集聚，同时也吸引其他产业相集聚。可以说，集聚包含了前述协
同模式和产业链模式的结合。

4.3.1　产业集聚的理论背景

产业集聚（Industrial Cluster）是产业发展演化过程中的一种地缘现象，
是指由一定数量企业共同组成的产业在一定地域范围内的集中，以实现集聚
效益的一种现象（张长立，2004）。最早对集聚现象进行分析的是亚当·斯密
（Adam Smith），在其著作《国民财富的性质和原因的研究》（1776）一书中，
从分工协作的观点出发，认为产业集聚是不同分工企业为生产某种产品而形成
的群体（亚当·斯密，1972）。之后的一些学者也对这一现象进行过多种角度

的解释，但多以同一产业内部集聚为研究对象。20 世纪后期大量涌现的不同产业间的集聚难以运用之前的经济学研究加以解释。1998 年，波特（Michael E.Porter）提出簇群（Clusters）①概念，才对这一现象做出全面的解释。

4.3.2 演艺业集聚的优势

4.3.2.1 共享中间投入品（Intermediate Input）

当城市特定区域内拥有很多某一领域的企业时，这些企业就可以共享该领域内一些共同需要的专业资源，进而达到节约生产成本的目的。当然，形成这种共享的前提是当地必须具备足够规模的消费者。为了达到共享资源的目的，这些企业会彼此逐渐靠拢（Florida，2002）。假设某个城市的艺术家们最初均匀地分布在一个城市多个区内。如果其中一位艺术家的创作获得突破，赢得丰厚的收益，那么为他服务的出版商、工具供应商和其他服务人员就会更加完备。而其他区域的艺术家为了实现创作也需要这些服务，但由于他们的创作不够成功，无法吸引全部这些服务到自己周边。这些艺术家就需要到其他区域寻找服务，满足自己的需求。而那个成功的艺术家所在的区域能够提供完整的服务。因此，其他区域的艺术家就会向这个区域集中，以享受业已形成的完备的服务。通过这些艺术家的集聚，不仅可以形成更多的创作思路和创新作品，还可以吸引更多艺术家前来这一区域。美国演艺业的中心百老汇在 19 世纪末期刚刚初具规模时，由大都会音乐厅（Metropolitan Concert Hall）、卡西诺剧场（Casino Theater）、大都会歌剧院（Metropolitan Opera House）等几个著名剧院通过成功的演出形成一定的行业运行基础。这些演出团体的成功逐渐吸引其他演出团体前来，形成"滚雪球"式的增长，并逐渐成为世界级的艺术中心。

4.3.2.2 分享劳动力储备（Labor Pool）

当整个演艺产业处于繁荣的阶段时，个别企业的衰落和繁荣可以通过分享劳动力储备而利益共享。在特定阶段时间内，一个产业总用工量相对固定，但每个企业的用工量却常常处于变化之中。例如一部戏剧的成功必然是以另一个演出被取消为代价的。这时，状况良好的企业可以从衰败的企业那里获得演员，而状况良好的企业不需要支付更高的费用，衰败的企业也可以降低运营成本。阿瑟·奥沙利文（Arthur O'Sullivan）在《城市经济学》（*Urban Economics*）一书中对孤立企业和集群内企业通过集聚来分享劳动力储备做了比较（图 4-5）。

4.3.2.3 劳动力的匹配性（Labor Matching）

演艺业的繁荣可以培养大量技术娴熟的表演类工作者，这些工作者不仅

① 簇群是指在某一特定领域内互相联系的、在地理位置上集中的公司和机构的集合。簇群包括一批对竞争起重要作用的、相互联系的产业和其他实体。例如，它们包括零部件、机器和服务等专业化投入的供应商和专业化基础设施的提供者。簇群还经常向下延伸至销售渠道和客户，并从侧面扩展到辅助性产品的制造商，以及与技能技术或投入相关的产业公司。最后，许多簇群还包括提供专业化培训、教育、信息研究和技术支持的政府和其他机构——例如大学、标准的制定机构、智囊团、职业培训提供者和贸易联盟等。

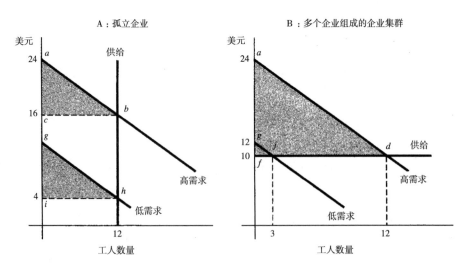

图 4-5 孤立企业与集群内企业用工成本对比图

图片来源：奥沙利文. 2008. 城市经济学. 周京奎，译. 6 版. 北京：北京大学出版社：38.

图片说明：A 代表孤立企业，在一个封闭的地区，企业面对的是一个完全没有弹性的劳动力市场（12 个工人）。在产品的市场需求较高和较低时，孤立企业将雇用相同数量的工人；但当产品的市场需求较高时，企业的劳动力需求上升，工人的工资也会随之提高。B 代表多个企业组成的企业集群，在企业集群中，企业面对的是一个具有完全弹性的劳动力供给市场，工资固定为 10 美元。当产品市场需求较高时，企业雇用 21 个工人；但当产品市场需求下降时，企业仅雇用 3 个工人。

可以在舞台艺术中发挥专业特长，在相关的电视、电影等媒体中，也可以施展拳脚。如果一个城市的演艺业十分繁荣，那么它就拥有大批高水平的演员、戏剧创作人员、戏剧服装道具设计制作人员等等。这些从业人员的专业技能同样可以服务于电视剧制作、电影制作等行业。这对于从业人员来说，扩大了其就业的多平台可能性，增加了艺术表现的机会和提升收入的机会。而对于该城市的电影、电视行业发展，则提供了充足的人才、技术、设备设施等基础条件。

4.3.2.4 知识溢出（Knowledge Spillovers）

知识溢出效应（Knowledge Spillover Effect）属于知识扩散的一种方式。常规的知识可以分成两类：一类是可以通过语言、文字、图像等方式进行表达和传播的称为显性知识，这类知识可以通过大众传媒进行扩散；另一类知识是人们在长期的生活和实践中通过经验积累而获得的，这类知识通常与个人体验密切相关，难于通过语言、文字等方式让其他人进行学习，因此称为隐性知识。隐性知识因为与个人经验密切相关，所以在传播的形式上更多基于口传心授、面对面的交流。

表演艺术就具有强烈的隐性知识特征，因而其知识扩散受到空间距离的限制。例如一名初出茅庐的戏剧演员希望提高自己的艺术造诣，就会到戏剧业发达的大城市去寻找机会，他可能从配角做起，在大量的演出过程中追随身边优秀的戏剧家，加以模仿、学习来提高自己的艺术水平。多年以后，这名戏剧演员也成为经验丰富的戏剧家，他同时也吸引着其他怀揣梦想的年轻人前来追随。这就形成一种滚动式的发展，艺术水平越高的地方，越会吸引大批艺术人才，因为那里不仅可以提高艺术人才的造诣，也会提供更多施展才华的机会。

4.3.3　演艺集聚区形成的动力类型

当代演艺业集聚已经不仅仅是表演艺术一个产业的集聚，而是呈现出多种产业协同、多种价值链并存的大范围混合态势。由演艺业主导的集聚区在空间表现上，常常被称为剧场区（Theater District），随着文化产业在 20 世纪末的蓬勃发展，逐渐形成了文化区（Culture District）的概念。[①] 总体来说，当前的演艺集聚区意味着城市中以高度集中的文化设施和活动项目作为吸引力的明确标示地区。在这个地区，高度集中的文化设施、艺术团体、艺术家和艺术为基础的企业配合其他功能发展，如商业办公、餐厅、零售空间以及住宅，形成混合使用发展地区。

4.3.3.1　自发集聚型——纽约百老汇剧场区

演艺产业的集聚现象首先开始于一种自发的需求。基于生产成本、劳动力知识溢出等原因，使得演艺企业个体为了获得集群外无法获得的收益而携带资金、技术、劳动力等资源向集群靠拢。当城市演艺市场繁荣的时候，一些演出团体会自发的集聚在一起。

美国纽约市的百老汇剧场区（Broadway Theater District）[②] 就是典型的自发型集聚的案例。美国南北战争后，东北部一些城市逐渐崛起。19 世纪初，纽约市内一些剧场逐渐向城市中心搬迁。至 19 世纪末，百老汇大道已经成为纽约市的核心区，集中了大量商业、餐饮设施和办公楼。旺盛的商业活动吸引了更多剧场进驻该地，如百老汇歌剧院（The Broadway）、卡西诺剧场（Casino Theater）等。1883 年，大都会歌剧院（Metropolitan Opera House）在百老汇大道建成，以其高质量的演出吸引了很多美国观众。百老汇剧场由此声名鹊起，成为美国戏剧艺术的代表。大都会歌剧院的成功形成了一种带动效应，之后美国人剧院（American Theater）和奥林匹亚剧院（Olympia Theater）等一些知名剧院也被吸引而来。及至 20 世纪初，在约 20 年中，以百老汇大街为中心新成立了 80 多家剧院。百老汇剧场区也就此形成。在两次世界大战过程中，美国远离战场没有受到波及，经济得以飞速发展。美国人对娱乐消费的需求愈加旺盛,这也使百老汇剧场区得以快速发展。并且随着演出水平的日臻完善，音乐剧逐渐形成自身特色，并成为百老汇剧场的主要演出内容。当前百老汇剧场主要包括 3 种剧场，百老汇剧场、外百老汇剧场（off-Broadway）、外外百老汇剧场（off-off-Broadway）。还有其他一些演出空间，例如餐厅内的剧场、演播厅、歌舞厅等。其中百老汇剧场全部属于营利性剧场，外百老汇和外外百老汇多为非营利性剧场，通常规模较小，主要上演实验剧。在百老汇剧场区及周边范围，汇集着一些直接服务于演出的公司，如戏剧创作、音乐制作、演员培训等。另外还有很多关联的

① Frost Kumpf 在《文化特区：城市更新的艺术策略》（Cultural. Districts: The Arts as a Strategy for Revitalizing Our Cities，1998）一书中以"文化区"（Culture Districts）描述文化产业的聚落化现象，并进一步将文化区分为不同类型，包括：文化复合区（Culture Compounds）、艺术和娱乐集聚区（Arts and Entertainment Focus）、重要艺术机构为核心型（Major Arts Institution Focus）、文化生产聚集型（Culture Production Focus）、市中心专区（Downtown Focus）五种类型。

② 纽约市有多条街道叫做 Broadway，百老汇剧场区以纽约市曼哈顿岛中心地带的一条叫做 Broadway 的街为中心，因剧场密集和戏剧产业发达而闻名，所以人们在谈及戏剧文化时所指的"百老汇"均特指这片地区所包含的密集的剧场群及其戏剧产业。

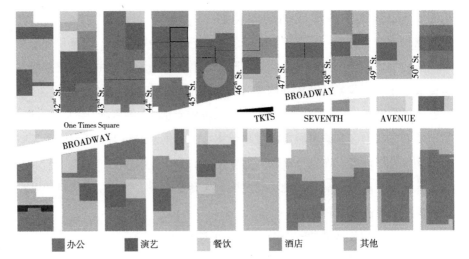

图 4-6 百老汇剧场区各种功能总体分布示意图

图片来源：笔者参考百老汇旅游指南绘制．

服务性公司，如剧场维修、舞台装卸、法律咨询、广告等。这些公司与百老汇的剧场共同形成了从戏剧创作、宣传、演出到相关管理、维护、人才培训、餐饮、住宿等一整套产业体系（图 4-6）。

4.3.3.2 政府推动型——达拉斯艺术区

演艺业集聚的另一种类型则是通过政府的扶植与推动形成的。当政府意识到演艺业集聚能给城市带来文化繁荣、竞争力增强以及更多的税收时，就会主动承担产业集聚的初始成本。为了扶持演艺业集聚的发展，地方政府通常会成立一个专门部门来扶植演艺业集聚区域的发展，或通过提供优越的公共设施、税收等一系列优厚条件来推动。

美国达拉斯市的达拉斯艺术区就是在市政府的主导下形成的。达拉斯市自 20 世纪 60 年代经济开始腾飞，至 70 年代，该市与邻近的沃斯堡市联合建设了一个规模巨大的飞机场达拉斯—沃斯堡市机场，并奠定了其德克萨斯东北地区商业中心的地位。经济的繁荣刺激了达拉斯市房地产业的发展，城市中心兴建了大量的办公建筑。这虽然吸引很多人来到城市中心工作，但由于文化、娱乐设施的缺乏，城市中心在夜晚则趋于沉寂。面对这一问题，当地政府开始推动市中心文化、艺术设施建设计划，"并联合了达拉斯博物馆和交响乐团、达拉斯芭蕾舞团、达拉斯城市歌剧院、达拉斯健康与科学博物馆、莎士比亚戏剧节、达拉斯夏季歌舞剧、达拉斯剧院中心，以及第三剧院共 9 个艺术团体共同参与项目策划。"（斯内德科夫，2008）[253]

为了支持该区域艺术设施的建设，1977 年达拉斯市议会通过了一项决议：对于进入政府扶持名单的艺术设施将由政府承担 75% 的土地收购和清理成本，艺术机构承担 25%。对于建筑成本，政府支付 60%，艺术机构支付 40%。并且之后的一年，政府与艺术机构联合发行了多次公债用于募资。第一次公债发行失败，1979 年第二次发行获得成功，这次募资为达拉斯交响乐团购买土地提供了资金。十年后，迈耶森交响乐中心落成，并成为达拉斯交响乐团这个有近百年历史的艺术团体的永久演出场所。

　　艺术设施的集聚吸引了很多地产商的目光，逐渐有更多的捐款、开发商加入艺术区的开发。艺术区的各种设施不断完善，建筑类型愈加多样，不仅包括歌剧院、音乐厅、博物馆等文化建筑，还有艺术学校、商业办公楼等兼具营利性和艺术性的设施（图 4-7）。艺术区采用不同地块分阶段开发的方

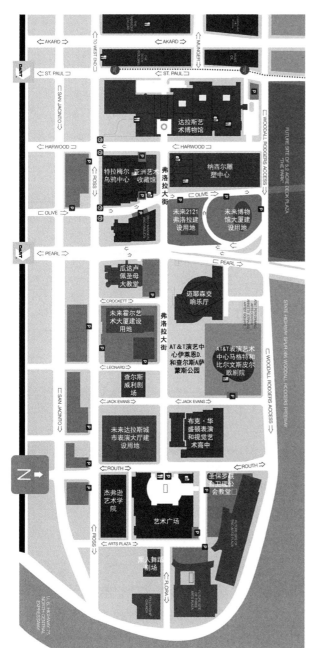

图 4-7　达拉斯艺术区 2009 年建设进展

图片来源：作者根据 http://www.thedallasartsdistrict.org/ 资料绘制．

式，历时 30 余年，至 2009 年主要文化、艺术设施建设才接近尾声（表 4–2）。在这一艺术区中，集中了 4 位普利兹克奖（Pritzker Prize）得主的作品。达拉斯艺术区从一开始的目标便致力于将达拉斯市建设成为一座"艺术之城"（city of the arts），重振已经衰落的市中心，最终创建一个即使不买票也能使市民感到惬意的艺术环境。

达拉斯艺术区主要艺术设施修建年代概况　　　表 4–2

项目名称	建成年代	设计者
贝洛大厦	1890 年建成	不详
	1900 年翻新	哈贝尔和格林
	1978 年扩建	布鲁森建筑公司
瓜达卢佩圣母大教堂	1902 年建成	尼古拉斯·克莱顿
	1996 年扩建	Thomas & Booziotis
	2006 年修复	Architexas/Tarpley Associates
圣保罗联合卫理公会教堂	1927 年建成	不详
	2010 年修复	富尔顿和法雷尔
达拉斯黑人舞蹈剧场	1930 年建成	拉尔夫·布莱恩和沃尔特·夏普
	2008 年修复	Moody–Nolan/Group One/ VAJ
达拉斯艺术博物馆	1984 年建成	巴恩斯
	1993 年扩建	
迈耶森交响乐厅	1989 年建成	贝聿铭
特拉梅尔乌鸦中心和亚洲艺术收藏馆	1984 年建成	SOM 建筑设计事务所
	1998 年更新	
纳西尔雕塑中心	2003 年建成	伦佐·皮亚诺
艺术广场	2007 年建成	墨菲
布克·华盛顿表演和视觉艺术高中	1922 年建成	Lang and Witchell Booziotis
	2008 年更新	
AT&T 表演艺术中心马格特和比尔文斯皮尔歌剧院	2009 年建成	福斯特及合伙人事务所
AT&T 表演艺术中心迪和查尔斯·威利剧院	2009 年建成	大都会事务所和 REX

资料来源：笔者根据网络检索相关数据编制

4.4　本章小结

演艺建筑混合使用之所以在发达国家得以推广，根本的原因在于其对于当代文化产业模式的高度契合特征。本章借鉴经济学相关研究成果，探讨了演艺建筑混合使用的三种主要产业模式，即协同模式、价值链模式和集聚模式。

协同模式是混合使用的根本产业关系的体现。演艺业在当前传媒技术发展的背景下，与电影、电视等媒体产生竞争。但由于自身受困于生产力滞后效应，在与其他媒体的竞争中处于劣势。因此，演艺业的健康发展，需要获得财务方面的支持。而演艺产业对其他产业的拉动作用，为其他产业补贴演艺业提供了可能。协同模式就是通过产业间的互补、互利，实现"1+1>2"的整体运营效果。在这一模式下，产业可以分为营利性和文化艺术性两类。同时，产业的分类也是对建筑功能的分类。营利性功能为文化艺术性功能提供资金支持，而文化艺术性功能一方面为营利性功能吸引更多消费者，另一方面提升了营利性功能的整体品位和环境质量，可以吸引更高档次的消费者。

价值链模式在解决当前演艺建筑经营困难方面已经有很多应用。这一模式并非混合使用独有，许多演艺中心、独立的剧场已有实践。价值链模式通过演艺业前向和后向产业的关联，形成整体产业链条，例如将表演艺术纳入旅游产品开发、艺术教育产业、剧本创作、布景制作等等。另外，演艺作品授权产业也是一种价值链延伸的方式。演艺业由于生产力滞后效应而缺乏的规模化复制在授权产业的帮助下，通过新媒体得以实现。可以说是现场表演艺术的延伸。

集聚经济现象广泛存在于制造业、零售业、服务业等多种产业。集聚模式不仅是对产业的一种空间关系描述，同时也是形成这一空间关系的形成原理的描述。对于演艺业来说，集聚模式是前述协同模式和产业链模式的结合。产业集聚可以为演艺业带来多方面的好处：

（1）多个演艺团体可以通过共享印刷设备、制作工具等这样的中间投入品，实现演出成本节约。

（2）对于演艺团体而言，演出总会有成功有失败，而通过集聚，可以通过演艺工作者的自由流动，实现分享劳动力储备，即由经营惨淡的团体输出剩余劳动力，让演出成功的团体避免支付过高的劳动力雇佣代价。

（3）演艺业培养的大量艺术工作者不仅可以为现场舞台演出服务，还可以在电视、电影等媒体中发挥专业特长，为城市整体媒体行业发展做出贡献。

（4）对表演者个体来说，集聚可以使初学者受到良好的教育、得到更多工作机会；而艺术家之间可以进行技艺的交流、切磋，实现共同进步。

在演艺建筑混合使用项目中，根据规模的不同，这三种产业模式的应用是灵活的，可以进行组合。

第 5 章

当代演艺建筑混合使用的空间策略

常规的混合使用项目有着广泛的适应性。小到一个建筑单体，几个商业、服务设施的结合，大到城市区域的开发，都可以应用混合使用模式。然而，当演艺功能介入其中时，就需要变得更为谨慎。对于开发商来说，演艺建筑较为复杂也需要消耗很多资金，而其经济回报却需要较长的时间才能显现。

演艺建筑混合使用项目中对于空间的把握不仅局限在演艺建筑中，更多的需要关注外在的、与其他功能之间的关系以及与城市整体空间结构的关系。本章也将研究的重点集中在演艺建筑混合使用开发的空间特色方面，而就演艺建筑内部空间而言，已有大量专著提供参考，在此不再赘述。

5.1   选址

5.1.1   大城市的优势

演艺建筑混合使用项目首先要有一个强有力的环境依托。大城市拥有庞大的潜在观众群，并且这些观众负担得起高雅艺术的消费。同时，大城市拥有大量的艺术家聚集，这都是小型城市、城镇所不具备的。这里所说的大城市是一个较为模糊的概念。就人口数量、居民收入或空间尺度等方面来说，居民对于艺术消费的增长趋势，很难从定量的角度精确预测。例如充斥大量移民的纽约 19 世纪曾是一个被称为文化沙漠的城市，为许多欧洲国家所轻视，但却在 20 世纪几乎一夜之间成为世界文化的发动机。以下的分析仍然借助经济学原理，阐述演艺建筑混合使用开发需要大城市作为依托的几方面原因。

5.1.1.1   提供高收入消费群体

从经济学的角度来看，消费者对某种商品购买意愿的研究可以依靠收入弹性（Income Elasticity of Demand）[①] 概念加以研究。类似的概念在前文中也有所提及，即从马斯洛需求概念出发，消费者对于食物、服装、住宿、出行、医疗等基本消费是处于最优先考虑的位置。相比之下，对于欣赏表演艺术的消费需要在有一定经济能力的情况下才考虑消费，即欣赏表演艺术属于一种奢侈品消费。因此，当人们收入增加的时候，对于基本生活保障的消费并不会明显提高，但对于这类奢侈品的消费会有较为明显的提高。（Moore，1968）[175]

5.1.1.2   符合现场性消费的门槛效应

表演艺术作为文化产品一个重要的经济学特征就是其现场性，即消费要在产品的生产地点进行，这为我们揭示了表演艺术生产和消费的地缘特征。"如果观众要观看《哈姆雷特》的现场演出，就必须去剧院。与此相比，工业产品则可以集中生产，然后通过零售渠道网发送给消费者。通过研究这种差异，

① 需求的收入弹性是指在价格和其他因素不变的条件下，由于消费者的收入变化所引起的需求数量发生变化的程度大小。通常用需求的收入弹性系数来表示需求收入弹性的大小，计算公式：需求的收入弹性 = 需求量变动的百分比 / 消费者收入变动的百分比。

我们可以对现场艺术有更加深入的了解。"（Moore，1968）[23] 经济学中的"消费者主权"（Consumer Sovereignty）[①]概念为揭示现场性演出的地理特征提供了理论基础。对于传统制造业，以生产吸油烟机为例，当一地的消费者对吸油烟机有更多需要时，相应制造厂商可以在临近的生产基地增加产出，通过营销渠道将吸油烟机运送到距离消费者最近的零售店里。如果某个城市的需求十分旺盛，制造厂商只需要将更多的产品运送至该地即可。但现场性表演艺术则无法做到这一点。虽然戏剧演出和绘画、雕塑作品一样希望作品能为更多消费者观赏，但绘画、雕塑作品的艺术家可以在一地进行创作，之后将作品搬运至另一地展出。戏剧表演则不然，观众观看演出形成对这种艺术产品的消费，而这种消费必须在其生产地，也就是剧场进行消费。因此，在现场性演出产品的消费地，必须有足够大的市场规模，以保证其产出的服务能够被即时消费。这就形成了现场性表演艺术的门槛效应。当然，巡回演出剧团可以将作品输送至外地，这在后文会深入讨论。

对于现场性表演艺术的另一个约束条件在于其市场范围。现场表演艺术的产品消费需要在生产地进行，那么，消费者到达表演艺术的生产地——剧场的距离就对产品消费形成制约。即使是富有热情的观众，也鲜有长途跋涉到达一地只为观赏一出演出。即使对于巡回演出剧团，其服务半径仍然是受到交通运输成本限制的。不同于单纯的运送货物，巡回演出不仅需要运送演员及相关餐饮、住宿安排，还要运送布景、道具、服装之类的货物。而巡回演出剧团所到达的演出地，也要受到门槛效应的考验，即必须有足够规模的观众为这些旅途花费买单，才能前去演出。

对于一些较小规模城镇的音乐节能够吸引很多知名剧团的演出现象事实上也符合这一规律。因为只有在拥有大量游客的旅游季才开展这种活动,因此,消费人群已经不局限在小城镇的居民。德国巴伐利亚州北部的小城拜伦伊特，人口只有 7 万，然而这里每年举行的瓦格纳歌剧节却举世瞩目。这一方面归因于作曲家瓦格纳长眠于此，更重要的是来自世界各地的数万名嘉宾的参与，才是拜伦伊特市政当局巨大收入的源泉。

5.1.1.3 满足表演艺术的规模效应

规模经济[②]（Economies of Scale）的核心在于规模效益（Scale Merit）。规模经济是指随着生产规模扩大，单位产品所负担的投入要素费用下降从而导致收益率的提高。制造业的规模实现可以通过增添设备提高产量来实现增长。对于表演艺术的生产要素，同样存在不可分割性（Indivisible Inputs）。例如：歌剧和戏剧演出中，其服装、道具、舞台布景等投入，不论演出场次是 1 场还是 100 场，都要前期制作好。而且理想状态下，这些成本会随着演

① 消费者主权是诠释市场上消费者和生产者关系的一个概念，消费者通过其消费行为以表现其本身意愿和偏好的经济体系，称为消费者主权（consumer sovereignty）。换而言之，即消费者根据自己意愿和偏好到市场上选购所需商品和服务，这样消费者意愿和偏好等信息就通过市场传达给了生产者。于是生产者根据消费者的消费行为所反馈回来的信息来安排生产，提供消费者所需的商品和服务。

② 经济学中三种可能出现的长期成本模式：规模经济，即随着产量的增加，单位成本会下降；规模收益不变，即如果单位成本固定不变；规模不经济，即如果单位成本反而增加。在大多数情况下，结果表现为这三种趋势在某种程度上的结合。例如，在制造业当中，大多数公司在达到某个最小经济规模前都会获得规模经济，而一旦规模继续扩大，产量将有广阔的增长空间，而此时的规模收益不变。当规模发展到相当大的水平之后，规模不经济现象或许就会出现。

出场次的增多而逐渐摊薄入每个演出场次中。因此，表演艺术的规模效益体现在单个艺术作品的重复演出量，即每个演出季的演出场次。这一方面是由于当一场戏剧通过多次演出其演员已经不需要在排练方面付出更多努力就可以顺利地进行之后的演出。另一方面，相关后勤服务、行政管理方面的成本增长变得十分有限。这可以说是规模经济在现场性表演艺术中的一种实现方式。

大城市拥有大量的观众群体，可以使精心准备的排练不至于演出几场之后就失去观众。对于一个演出团体的一场节目，总是会有新的观众来消费。因此，大城市更能够为表演艺术实现规模效益创造条件。

5.1.1.4　形成竞争以促进艺术进步

完全竞争市场[①] 是一种理想化的市场模型，通过价格机制的调节作用，既可以使消费者以较低付出换取艺术享受，同时也可以保护艺术家合理的收入。然而，任何一个城市的表演艺术市场都不是完全竞争市场。首先，一个城市难以有足够多的演出团体来平抑市场供需。其次，即便各个艺术团体演出的是相同的艺术作品，在作品实现效果之间也是有差异的。例如古典音乐爱好者常可以分辨出由不同演出团体演奏的同一首乐曲在效果上的差异。

规模较大的城市能够提供更加充分的市场竞争，从而带动艺术作品的创新，并为高水平艺术家提供锻炼的机会。以戏剧业繁荣的纽约为例，在百老汇区域，百老汇剧场、外百老汇剧场和外外百老汇剧场之间形成的竞争无疑是促进戏剧创新和演员水平提高的关键因素。"同时这种竞争也促进了不同演出团体在演出特色上的分化，不同的剧院各自占有不同的领域。因为与常驻剧院相比，商业性的百老汇剧院能给经常看戏的观众带来更加丰富的娱乐活动，所以常驻剧院迫于竞争压力只能以创新做为其竞争策略。"（Maggio，1985）[116] 即使有些规模较大的演出团体倾向于较为保守的发展策略，在更广泛市场带来更激烈竞争的条件下，也不会降低创新的动力。随着任一地区艺术观众人数的增长以及艺术公司数量的增加，竞争会带来更大的差异性和更多的风险，并促进艺术的创新。因此，从长期来看，"更多"或许同时意味着"更好"。

对于规模较小城市的表演艺术市场可能呈现出寡头垄断[②] 的特征，因为其中有少数的大规模机构，比如一个交响乐团、一家歌剧公司以及一两家常驻剧院，它们在市场上处于主导地位。中等规模的城市可能拥有几家剧院和交响乐团。大规模城市很可能拥有更多歌剧公司和芭蕾舞剧团。基于这一逻辑进一步可以得知，表演艺术的繁荣不仅与城市规模正相关，甚至其表演团体的规模和数量的增长比城市规模的增长更快。因此，纵观全球范围内，表演艺术集中地都位于超大规模的城市，如东京、纽约、伦敦。

① 完全竞争又称纯粹竞争，指丝毫不存在垄断因素，竞争完全不受任何阻碍和干扰的市场存在形态，市场主体依据市场经济规律自由地进行竞争。作为完全竞争的市场结构一般应具有以下条件：(1) 有众多的市场主体，即大量的产品的买者和卖者；个别需求和供给变化不会影响市场价格。(2) 市场客体是同质的，即不存在产品差别；买方对于具体的卖方是谁没有特别的偏好，不同的卖者之间能够进行完全平等的竞争。(3) 资源完全自由流动，每一个市场主体都可以根据自己的意愿自由地进出市场。(4) 市场信息是充分的，即消费者充分了解市场的价格、产品的功能特征和供给状况；生产者充分了解投入品的价格、产成品的价格以及生产技术状况，对产品和价格掌握完全的信息。

② 寡头垄断又称寡头、寡占，意指为数不多的销售者。在寡头垄断市场上，只有少数几家厂商供给该行业全部或大部分产品，每个厂家的产量占市场总量的相当份额，对市场价格和产量有举足轻重的影响。

5.1.2　城市选址的主要类型

演艺建筑混合使用需要多种产业的配合，而利润来源离不开消费者的光顾。因此，人流涌动的城市中心往往是不二的选择。将项目与交通节点相融合也是一种吸引顾客的好方法。除此之外，出于城市复兴的考虑，一些混合使用项目被设置在废弃工业区。这不仅可以为街区带来新的活力和经济增长，项目本身也可以从原有环境、废弃设施中获益。以下对几种典型选址及其优势，结合具体案例进行分析。

5.1.2.1　商业中心

选址于城市商业中心地块可以借助成熟的城市交通设施、商业环境等优势使项目更容易获得成功。但城市商业中心往往用地十分紧张，因此，多个单位合作利用同一地块成为很常见的现象。

坐落于华盛顿市中心的艺术和娱乐区——哈曼中心（Harman Center）——就是这样一种情况。2004 年，莎士比亚剧院和国际建筑与手工业者联盟（The International Union of Bricklayers and Allied Craft Workers，BAC）①合作开展建设 BAC 总部和哈曼艺术中心计划。该混合使用项目由戴尔蒙德＋施密特建筑师事务所的珍妮弗·麦乐德（Jennifer Mallard）主持设计。这一混合使用开发项目将为 BAC 提供新的办公地点以及近 800 座的西德尼·哈曼大厅（Sidney Harman Hall）（图 5-1）。通过这一项目，哈曼大厅与邻近的兰斯伯（Lansburgh）剧场一起将形成哈曼艺术中心，并作为莎士比亚剧院的演出基地（图 5-2）。

① 国际建筑与手工艺人联盟成立于1865年，是北美地区延续至今的最具历史的联盟组织。该联盟旨在改进成员的工作环境、安全工作条件、生活品质等。联盟主要成员包括美国手工艺人和加拿大建筑工人，以及石匠艺人和饰面施工工人和清洁工人等。该联盟组织1个多世纪以来为保证工人权益而努力，在北美广受赞誉。

图 5-1　西德尼哈曼大厅室内
图片来源：http://portlmcgrath.wordpress.com/.Tom Arban 拍摄

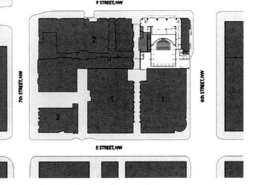

图 5-2　西德尼哈曼大厅总平面图
图片来源：http://archrecord.construction.com/features/bwarAwards/2008/harmonhall/default.asp.
图片说明：①美国退休人员协会（America Association of Retired Persons，AARP）；②太阳能行业协会（Solar Energy Industry Associates）；③（美国）国家犯罪和惩罚博物馆（National Museum of Crime and Punishment）

由于城市中心用地限制，位于商业中心的混合使用项目多采用垂直叠加的空间手法。莎士比亚剧院和 BAC 制订了合作的开发协议，由双方共同建设一座 11 层楼的办公楼。莎士比亚剧院将拥有一至五层，BAC 将拥有上部的 6 层空间。建筑临街的公共休息大厅采用一个三层楼高的玻璃幕墙为立面，使得街上的行人也可以看到中场休息观众的活动，增强建筑对城市的开放性（图 5-3）。

哈曼中心以西德尼·哈曼博士和哈曼家族命名。哈曼博士通过哈曼家族基金会（Harman Family Foundation）为该项目提供 1400 万美元捐助，并以哈曼工业（Harman Industries）的身份捐赠 100 万美元。另外，哥伦比亚区（The District of Columbia）也以市政津贴的形式投资 2000 万美元。

在这个项目中，也出现了一些有代表性的问题，值得我们思考。一个问题是建成环境方面的：将剧场置于这办公空间中，会由于时间和习惯上的不同而引起使用上的不便，另外噪音也会对其他设施形成干扰。在本设计中，采用结构分离的方式，确保隔音效果（图 5-4）。另外一个问题在于功能策划，赞助人西德尼·哈曼对剧场提出要求，他希望建设一个多用途剧场（multipurpose），而不是只上演莎士比亚的戏剧。麦乐德的设计团队巧妙地解决了这一问题，哈曼大厅采用一系列可动设施满足了要求，能够实现镜框式（图 5-5）、伸出式（图 5-6）等多种舞台形式变化，为舞台导演提供最大的灵活性。使得剧场能适应莎士比亚戏剧、爵士音乐会、室内音乐会等各种演出。这使得哈曼大厅经常可以在一晚举行两场不同的演出并受到观众青睐，经常座无虚席。最终，虽然哈曼大厅有 775 座容量，但仍能形成很短的观众

图 5-3　西德尼哈曼
大厅外观（左）
图片来源：同上

图 5-4　西德尼哈曼
大厅剖面图（右）
图片来源：同上

图 5-5　西德尼哈曼
大厅用作镜框式舞台
效果图（左）
图片来源：同上

图 5-6　西德尼哈曼
大厅用作伸出式舞台
效果图（右）
图片来源：同上

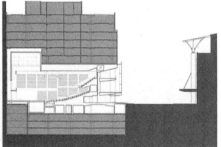
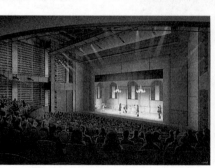

视距，形成亲密的空间氛围。

通过混合使用的方式，哈曼中心将起到多方面的作用：不仅为演艺空间在城市核心地带找到立足的空间，也能为该区域提供高质量的表演艺术服务。在两个机构合作的情况下，使得新设施灵活的适应性得以充分发挥，哈曼中心将创造新的吸引力、维持较高的艺术标准并促进本身和观众的创造性。新中心的建成将容纳艺术教育职能，并鼓励学员进行长期艺术训练，这将对城市中心区经济活力产生促进作用。

时代华纳中心（Time Warner Center）也是典型的商业中心选址案例，该综合体位于纽约曼哈顿心脏区域的哥伦布转盘（Columbus Circle），59 街和百老汇街交叉口，是纽约市最具代表性的人文旅游目的地之一（图 5-7）。该中心是一个集餐饮、购物、居住、工作、娱乐于一体的混合使用建筑，总面积约 26 万平方米（图 5-8）。

其中零售部分包括 40 多个品牌旗舰店，5500 余平方米餐饮，3700 余平方米健身俱乐部。该项目中酒店部分包括：文华东方酒店（Mandarin Oriental，是曼哈顿区域最时尚最豪华的酒店）、美孚五星酒店（Mobil Five-Star hotel，位于时代华纳中心塔楼 35-54 层，可以饱览中央公园、哈德逊河和曼哈顿壮丽的天际线）。此外，时代华纳公司全球总部也坐落于这里，功能包括出版业、电影娱乐、电视等多种媒体。另有其他一些企业在这里办公，如美国声名显赫的 L.P. 地产公司①。

演艺功能包括玫瑰音乐厅、阿伦厅（Allen Room）、可口可乐爵士俱乐部（Dizzy's Club Coca-Cola）和录音室（图 5-9）。三个主要演出厅堂可以同时接待近 2000 名观众欣赏演出。

① L.P. 是美国较为著名的私营地产公司，已有 40 余年历史，拥有高度多元化的开发、收购、管理、金融、市场营销体系等。在纽约、波士顿、芝加哥、洛杉矶、拉斯维加斯、旧金山、南佛罗里达州、上海、阿布扎比都设有办事处，拥有超过 2000 名雇员。公司现有资产超过 150 亿美元，尤其擅长混合使用开发和绿色设计。

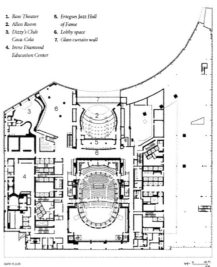

1. Rose Theater
2. Allen Room
3. Dizzy's Club Coca-Cola
4. Irene Diamond Education Center
5. Ertegun Jazz Hall of Fame
6. Lobby space
7. Glass curtain wall

图 5-7　时代华纳中心外观（左）
图片来源：http://www.related.com/ourcompany/properties/65/Time-Warner-Center/.

图 5-8　时代华纳中心典型层平面图（右）
图片来源：同上
图片说明：1. 玫瑰音乐厅；2. 阿伦厅；3. 可口可乐爵士俱乐部；4. 教育中心；5. 爵士乐名人馆；6. 入口大厅；7. 阿伦厅玻璃幕墙

　　玫瑰音乐厅（The Frederick P. Rose Hall）是世界第一个特别为爵士乐
演出、教育和广播而设计的剧院。该剧院拥有 1300 个座位，旨在促进观众和
音乐家的密切互动和近距离交流。不论是或大或小规模的乐团、电影和舞蹈
都可以在这里演出。该音乐厅被设计为"嵌套盒子"（a box within a box）的
方式，以确保声学效果的优良，在结构上，音乐厅结构通过钢构架和氯丁橡
胶填充的构造方式与时代华纳中心建筑的其他空间相隔离，尤其是位于中心
地下的地铁站。音乐厅内部通过可动的声反射板和窗帘的调节，可以满足多
种混响时间要求（图 5-10）。

　　观众可以在 500 座席的阿伦厅俯瞰中央公园。阿伦厅在形式上借鉴了古
典希腊露天剧场的手法，并应用了大量可动设施，如当用作酒会或者舞蹈演
出时，座椅可以通过液压驱动升起以扩展使用空间（图 5-11）。

　　另外，可口可乐爵士俱乐部（Dizzy's Club Coca-Cola）是一个 140 座
的爵士乐爱好者俱乐部，每晚都有爵士乐表演。与此同时，该建筑内还有全

美国最先进的录音棚，可以为爵士乐团和其他艺术家进行现场录制。所有的演出、排练和教室空间都通过光缆连接，以便于这一艺术中心中的任何地方都可以实时进行音频和视频录制以及广播。

5.1.2.2 交通节点

对于任何经营性的建筑，临近交通节点都会获得很大助力，百老汇剧场区在形成过程中就离不开纽约地铁的推动。1904年纽约地铁通过百老汇剧场区，在时代广场下面建造了最大的地铁换乘车站，带来大批人流进入戏剧区，当年的地铁乘坐量是500万人次。现代城市交通网络的形成，为形成新的、分散的城市中心提供了可能。演艺建筑的设置不再局限在一个城市单元、某个社区或某个组团内，而是可以沿着可达性较强的城市轨道交通布置。这种方式不仅可以减轻城市中心区的交通负担，同时也可以为新型混合使用项目的消费者提供出行便利。

日本神户的新神户东方城（Shin-kobe Oriental City），又称神户中央大楼，建于1988年，位于神户六甲山的山脚下。新神户东方城地下3层，地上37层，包括剧场、购物、餐饮、娱乐、和酒店等功能，其中的新神户东方剧场是当地重要的创新性文化设施。新神户东方城与地铁以及新神户新干线车站入口结合为一体，既有利于疏散人流，又将乘车的客流引入到商业设施之中，带来更大的经济效益（图5-12）。

类似的，日本横须贺市海岸广场将城市交通与建筑直接联系，三层出入口广场处有架空廊道直通京滨快轨汐入车站，从车站出发只需要步行3分钟即可抵达海岸广场内的横须贺艺术剧场（图5-13）。

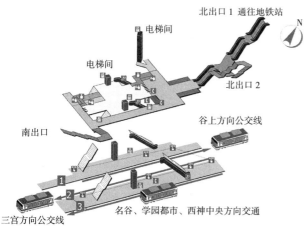

图 5-12　日本新神户东方城交通示意图
图片来源：http://www.emporis.com/building/shinkobeorientalcity-kobe-japan.

图 5-13　横须贺市海岸广场交通示意图
图片来源：Yoshiaki Ogura. 1995. Heaters & Halls: New Concepts in Architecture & Design. Tokyo: MEISEI Publications: 166.
图片说明：1.横须贺艺术剧场；2.横须贺海岸广场大厅；3.住宅楼；4.酒店；5.国道16号线；6.京滨快轨汐入车站

5.1.2.3　废弃工业街区

20 世纪中期，受困于能源、环境等方面的压力，发达国家传统重工业逐渐衰退，大量的厂房被遗弃。这些工业废弃地和建筑遗存往往被人们忽视。对待这些建筑遗存，早期往往采取大拆大建的方式，忽视了旧有街区的建筑遗产价值。随着近年来对工业遗址认识的深入，城市工业废弃地区逐渐受到广泛的关注。尤其许多废弃街区一直占据城市成熟社区，旧有交通联系便捷、周边居住人口密集。这些特征也为旧街区的混合使用改造提供了良好的基础。对于演艺空间的植入，旧有工业建筑如厂房、库房等，无疑可以提供成型的大跨度建筑结构，节约建筑改造成本。另一方面，演艺功能的介入也可以增强区域活力，增强居民的社区归属感。

德国汉堡易北爱乐音乐厅的案例目前处于实施过程中，虽然其最终建成效果目前无法准确评估，但其设计手法十分具有典型性值得借鉴。在伦敦泰晤士河岸发电厂改造成泰特现代艺术馆(Tate Modern)和戴普福德(Deptford)拉班中心获得成功之后，赫尔佐格和德梅隆（Herzog & De Meuron）大受鼓舞，并将他们在建筑改造和演艺空间设计方面的经验结合，以创造新的空间体验。在德国汉堡的这个旧建筑再利用项目中，赫尔佐格和德梅隆将一个废弃的可可豆仓库改造成提升汉堡文化生活的中心。库房原有的结构保存的非常完好，这使得改造成易北爱乐音乐厅将只需要增强库房的基础。"赫尔佐格和德梅隆感兴趣的不仅是结构。他们希望把原有厂房当做新的爱乐音乐厅的基座。厂房的外形看起来像个扭曲的立方体，尖端朝西，也是与城市关联的方向。"(Hammond，2006)（图 5-14 ）

原有建筑 Kaispeicher A（图 5-15 ）由沃纳·卡尔摩根（Werner Kallmorge）于 20 世纪 60 年代设计。建筑立面线条粗野有力，展示出立体主义风格特点，并被保留。基座建筑高达 2/3 的空间将用于停车场（510 辆），剩下的空间作为演出辅助用房，并将作为易北河爱乐乐团提供练习和教育场地使用，特别是帮助该地区的儿童学习音乐。与之比邻的仓库 Kaispeicher B，

图 5-14　汉堡市港口区域开发示意模型（左）
图片来源：http://www.archdaily.com/62374/in-progress-elbe-philharmonic-hall-herzog-and-de-mueron/.

图 5-15　汉堡港口可可仓库 Kaispeicher A（右）
图片来源：同上

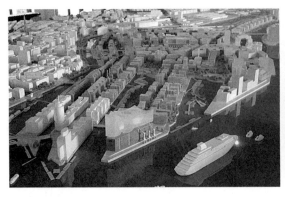

图 5-16 易北爱乐音乐厅剖面图
图片来源：http://www.designboom.com/weblog/cat/9/view/7509/herzog-de-meuron-elbe-philharmonic-hall-in-hamburg.html.

将被改建为彼得塔姆国际海事博物馆（Peter Tamm International Maritime Museum），为游客展示世界各地的海上历史。

建筑功能包括2150座音乐厅，550座室内乐厅、250间客房的五星级酒店、健身房、会议中心以及47间公寓（图5-16）。公寓拥有最好的视野条件，可以向东沿着易北河欣赏风景。整个建筑不仅仅是一座音乐厅，而是形成功能完善的住宅和文化综合体。（Cilento，2010）

作为对历史街区文脉的回应，仓库的砖材结构和旧有立面被完整保留，以保持和当时的城市建筑相统一。建筑师创造性的利用原有仓库建筑的一个显著特征：建筑的开窗非常小只有50cm×70cm，与周边城市空间较为隔绝。扩展的新建筑全部由玻璃幕墙包围，在表面形式上形成特定的标志性。并根据功能的不同，设计成不同的形式。在酒店部分，玻璃幕墙形成波浪的形状（图5-17）。公寓的阳台与马蹄形立面凹槽结合，扩大景观视野，并保证房间的自然通风。音乐厅的观众厅透过玻璃幕墙闪闪发光。整体幕墙被印上白点，以遮蔽阳光。白点的密度和网格通过计算机的采光计算设计，使每个房间根据其功能需要，都有适当的采光效果（图5-18）。

图 5-17 易北爱乐音乐厅玻璃幕墙（左）
图片来源：同上

图 5-18 玻璃幕墙细部（右）
图片来源：同上

建筑的入口大厅位于37米标高的位置，朝向东侧。通过电动扶梯将参观者从码头直接输送到入口大厅（图5-19）。大厅是一个自由进出的区域，游客在这里可以领略汉堡港市中心的景观和易北河的风光。同时大厅也是新、老建筑之间的结合体。在夜晚，大厅室内的灯光将使它变得更加吸引人。大厅是组织整体建筑功能的枢纽。大厅中庭采用大型室外空间的尺度，并通过与两侧层高较低的空间的对比形成多层次的空间体验。其他附属功能，如餐厅、酒吧、酒店大堂和公寓的入口也被集中于这里。

入口大厅是主音乐厅空间的暗示和序曲。位于观众厅的下方，观众厅逐渐升起的地板同时也是入口大厅的顶棚。观众厅就像一个动态的、由台阶构成的朝向各个方向盘旋的景观。这里的一切都是连续的，楼板、天花板、墙面融为一体（图5-20）。

音乐厅的主观众厅空间没有采用所谓"鞋盒"的传统形式，而是类似葡萄台地形的，形成容纳大量观众的露天剧场的暗喻（图5-21、图5-22）。它将乐队和指挥置于观众之间，楼座之间彼此相连，形成环环相扣的不规则的梯田。音乐厅将被用来表演古典音乐、爵士乐和流行音乐。声学设计由丰田泰久主持。（herzog，2009）

新的易北爱乐音乐厅（图5-23）不仅是对汉堡港口区域的空间扩展，也重新构筑了新的海滨环境。城市码头的工业遗址的历史文脉被重新组织并融入城市中心。整个港口区域的开发预计将为12000人提供居住空间，并提供超过4万人的就业，更可以吸引数以万计的游客。港口区域将形成文化与休闲设施综合发展的典范，为城市注入更多活力。根据建筑师的构想，这个大胆的建筑将给周围的社区注入能量和活力。

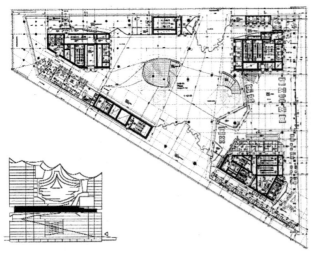

图5-19 易北爱乐音乐厅入口层平面图（左）
图片来源：同上

图5-20 易北爱乐音乐厅入口大厅效果图（右）
图片来源：同上

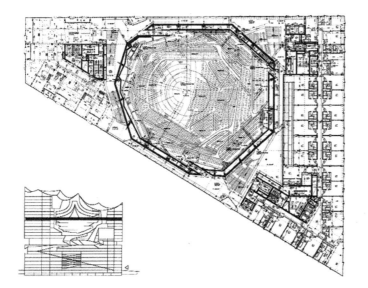

图 5-21 易北爱乐音乐厅观众厅层平面图
图片来源：同上

图 5-22 易北爱乐音乐厅观众厅效果图（左）
图片来源：同上

图 5-23 易北爱乐音乐厅夜景效果图（右）
图片来源：http://www.designboom.com/weblog/cat/9/view/7509/herzog-de-meuron-elbe-philharmonic-hall-in-hamburg.html.

5.2 尺度与功能空间组织

对于不同规模的开发，其建筑空间的表现可能是多样的，而功能类型和功能关系却可以是相同的。如何将这一功能关系以物质实体呈现，需要一个功能到空间的转化。

在混合使用开发的空间尺度划分上，美国土地协会（ULI）和美国规划协会提出了一种分类方式：混合使用建筑（Mixed-Use Buildings）、混合使用地块（Mixed-Use Sites）和混合使用区（Mixed-Use Areas）。演艺建筑的混合使用开发也遵循这一模式，因此，下文的论述将基于这三种尺度的划分，分别讨论三种尺度下功能空间特征。

5.2.1 混合使用建筑

混合使用建筑属于比较小规模的一类开发方式，相当于在一座大型建筑综合体中植入演艺空间。常规的单一功能的演艺建筑的空间构成，主要是处理观众厅与辅助空间之间的组织关系以及演艺建筑与城市的衔接。演艺建筑与其他功能空间的结合带来了空间构成方式的改变，使得建筑内部功能越来越复杂。几乎所有混合使用建筑，都可以按照水平型、垂直型、混合型这种空间组合手法来分类。而当纳入演艺空间时，不同的手法又会呈现出不同的特点。

5.2.1.1　水平型

在用地条件较为充裕的条件下，将多个功能空间在平面内展开是最常见的空间处理方式，尤其对于演艺建筑十分经济。

一方面在于建筑结构的合理性。演艺建筑空间跨度较大，如果是专业的歌剧院、戏剧院，屋盖的荷载也非常大。出于经济性考虑，在条件允许的情况下，演艺建筑适宜于单独存在。另外，观众厅出于屋盖荷载和隔声、各专业管井综合布置的考虑，多采用双墙的方式，形成刚性很强的一个"圆筒"。因此，观众厅结构的特殊性也使得演艺建筑不宜与其他建筑连接。另一方面，从建筑功能角度来讲，演艺建筑需要很强的观众聚散能力。出于消防安全和观众使用方便考虑，演艺建筑更适于接近室外地坪。

本杰明和玛丽安舒斯特表演艺术中心（Benjamin & Marian Schuster Performing Arts Center）是一个旧建筑混合使用改造的案例，采用平面展开的方式。该项目由西萨佩里及合伙人事务所（Cesar Pelli & Associates, Inc.）设计，总投资7700万美元，位于美国俄亥俄州的一个正在复兴中的工业城市——代顿市（Dayton）。项目包括两个部分：一部分是一个18层办公/公寓塔楼包括底层150辆停车空间，总计16258平方米；另一部分是旧厅堂的改造，总建筑面积15654平方米。

城市将原有的2500座的退伍军人纪念礼堂（Veterans Memorial Auditorium）改造成为一个音乐厅。退伍军人纪念礼堂建于1950年代，其舞台和音响设施已经十分陈旧。新的演艺设施包括一个2300座的音乐厅美赞臣剧场（Mead Theater）、一个黑匣子排练厅同时也兼做鸡尾酒和宴会接待厅马思乐剧场（Mathile Theater）以及一个名为都市人（Citilites）的餐厅。佩里通过冬季花园（Wintergarden）将这些功能联系为一体，将突出的圆弧形玻璃中庭设置在主要临街转角（图5-24）。在装修方面，使用了大量的大理石和白色玻璃，中庭采用暴露钢结构的方式。富有雕塑感的弧型楼梯和挑台将观众吸引至剧院中（图5-25）。在冬季，这里成为人们聚集和休闲的地方。在设计中最大的挑战就是对于一个音乐厅来说，地段太过狭小（总用地20480平方米），尤其是后台设施和常规的观众休息厅空间有限。因此，佩里将餐厅大堂、音乐厅售票处和休息厅混合在一起，通过冬季花园（即玻璃中

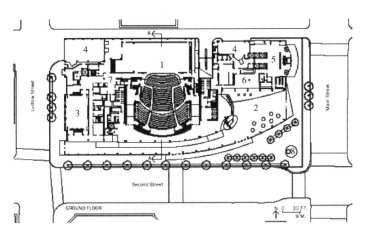

庭 1161 平方米）进行空间共享（图 5-26）。

　　美赞臣剧场内部采用椭圆形平面布置，吊顶基于原有建筑结构，也延续了椭圆形的母题，形成独特的形式（图 5-27）。设置 4 层侧包厢，拥有优秀的声学效果（图 5-28）。建成后演艺中心由艺术中心基金会（Arts Center Foundation）接管，其音乐厅获得了巨大的成功，曾创造过一周销售一百万美元票房的业绩，位于代顿市第一。音乐厅独特的艺术氛围也为餐厅带来了许多顾客。

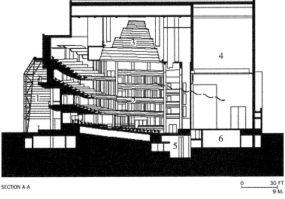

5.2.1.2 垂直型

城市中心用地十分紧张，但却十分有利于经营。因此，通过建筑单体内部的功能混合，采用垂直方向上空间叠加的手法可以节约用地，通过垂直交通的连接，使大量的功能空间都能享受城市中心的消费人群。在功能空间分布方面，常常是将居住、办公这类功能置于上层，零售置于裙房中便于经营，演艺空间往往位于零售空间上部，使得零售和观演的消费人群融为一体。更为复杂的可以结合地下交通、停车、餐饮等，组成交通便利、功能复杂的综合体。

日本冈山市的冈山音乐厅（Okayama Symphony Hall）就是典型代表（图5-29）。冈山音乐厅由芦原设计监理公司设计，是作为冈山市文化中心的城市中心区复兴项目；功能包括零售商业、音乐厅、办公等（图5-30）。建筑底层设计了观众休息大厅，将其与零售空间相结合，同时也是将观众引向音乐厅的空间前导（图5-31）。音乐厅主要功能是举行古典音乐演出，容量2001座。舞台和相关设施采用可动设计以满足小规模歌剧和演讲的需要。总用

图5-29　日本冈山音乐厅外观（右）
图片来源：Yoshiaki Ogura. 1995. Heaters & Halls: New Concepts in Architecture & Design. Tokyo: MEISEI Publications: 10.

图5-30　日本冈山音乐厅剖面图（左下）
图片来源：同上：14
图片说明：上部功能为办公空间，中部为剧院，下部为餐饮、零售、停车与城市交通接驳空间。1. 大厅；6. 零售商业；7. 后台出入口；10. 入口休息厅；12. 多功能厅；13. 观众休息厅；15. 和室；19. 工作室；24. 主音乐厅；25. 舞台；29. 灯光控制室；30. 停车场；31. 监控室；32. 面光灯室；33. 办公室

图5-31　日本冈山音乐厅首层平面图（右下）
图片来源：同上
图片说明：1. 大厅；6. 零售商业；7. 后台出入口；8. 卸货平台

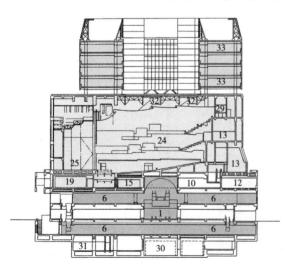

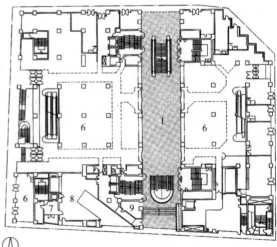

地面积 4621 平方米，占地面积 4239 平方米，建筑面积 33642 平方米，地上 12 层，地下 2 层。（Yoshiaki Ogura，1995）[10-15]

5.2.1.3 混合型

混合型是将水平型、垂直型两种手法相结合，不仅可以集约用地，也可以针对不同类型空间特征进行有针对性的布置。由于演艺建筑空间的特殊性，不宜与其他空间罗列在一起，而混合型的空间手法，吸收了水平、垂直两种手法的长处，更为合理。

日本横须贺市海岸广场（Bay Square Yokosuka）就综合运用了水平和垂直相结合的手法，创造了经济、合理的空间关系（图 5-32）。其中的横须贺艺术剧场（Yokosuka Art Theater）单独设置，而小礼堂与其他功能结合在一起。

横须贺市海岸广场位于日本神奈川县横须贺市，始建于 1994 年，是一座包括剧场、酒店、零售商业、办公、博物馆等功能的城市建筑综合体。建筑由丹下健三都市建筑设计研究所设计，基地面积 10409 平方米，占地面积 8740 平方米，总建筑面积 73707 平方米；地上 20 层，地下 3 层。建设目的旨在振兴横须贺市中心的文化活力和丰富横须贺市市民的文化生活（图 5-33）。

其主要演艺设施横须贺艺术剧场作为多功能剧场设计，配备了先进的舞台机械如侧车台和乐池处的升降座椅。可以满足包括各种规模的歌剧、芭蕾、交响乐、戏剧和音乐剧等各类内容演出。满场混响时间 2.0 秒。总计 1806 座，舞台采用镜框式台口，并配有假台口可调节大小，台口为 18 米 ×13 米，表演区 18 米 ×19 米。小礼堂采用鞋盒式厅堂设计，有座位 538 座，可以演出

图 5-32 横须贺市海岸广场
图片来源：Yoshiaki Ogura. 1995. Heaters & Halls: New Concepts in Architecture & Design. Tokyo: Meisei Publications: 164.

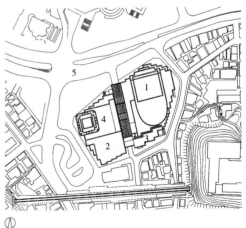

图 5-33 横须贺市海岸广场总平面图
图片来源：同上
图片说明：1. 横须贺艺术剧场（Yokosuka Art Theater）；
2. 横须贺碧沙小礼堂（Yokosuka Bayside Pocket Hall）；
3. 住宅楼（Residences）；4. 酒店楼（Hotel）；5. 国道 16 号线（National Route No.16）

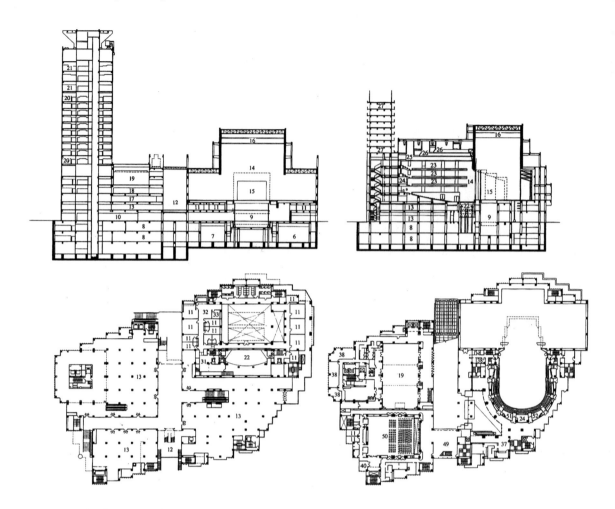

图 5-34　横须贺市海
岸广场东西向剖面图
及主要层平面图
图片来源：同上
图片说明：6. 主排练厅；
7. 小排练厅；8. 停车
场；9. 台仓；10. 酒店大
堂；11. 化妆间；12. 大
厅；13. 商店；14. 舞
台；15. 主舞台；16. 栅
顶；17. 产业振兴论坛；
18. 中宴会厅；19. 大宴
会厅；20. 酒店客房；
21. 餐厅

室内乐、话剧和举行展览。小礼堂的舞台和观众座席采用可动式设计，可以根据功能需要变换，舞台尺寸 16 米 ×8 米（图 5-34）。

5.2.2　混合使用地块

　　混合使用地块在空间尺度上常常包括几个街区，通过一次开发或几个阶段开发，完成整体计划。因为多种功能被合并于同一建筑群，其整体的运营效果离不开各个组成部分的贡献。在混合使用地块开发中，商业、居住、办公、艺术等功能之间必须互相补充、支持，才能实现预设的目的。因此，在建筑群体的空间组织方面往往需要特别的重视。

　　混合使用地块的一个优势在于可以分阶段建设实施，这十分有利于项目适应整体经济环境。在资金方面，具有一定弹性和灵活性，即在经济形势较好的时候，可以优先开发其中几个主要建筑，而在资金匮乏的时候，可以暂停建设。当然，这也是一把双刃剑，相比于混合使用建筑的建设周期，混合使用地块的开发、建设周期则更长。

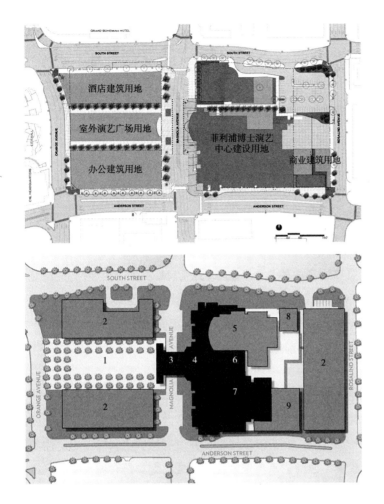

图 5-35　菲利普博士演艺中心整体开发规划图
图片来源：http://www.drphillipscenter.org/documents/plans.

图 5-36　菲利普博士演艺中心总平面图
图片来源：http://www.drphillipscenter.org/progress/site_plan.
图片说明：1.室外表演艺术广场；2.商业设施；3.入口门廊；4.主入口大厅及宴会厅；5.多功能厅；6.社区剧场；7.迪士尼剧场；8.排练厅；9.艺术学校

　　菲利普博士演艺中心（Dr. Phillips Center for the Performing Arts）位于美国佛罗里达州奥兰多市中心，总建筑面积 30658 平方米，是一个以表演艺术为主，集餐饮、购物、社交、娱乐、办公于一体的混合使用项目（图 5-35）。菲利普博士演艺中心建设过程中，董事会意识到经济环境可能变化带来的不确定性，就对该项目的总体规划和实施进程做了迅速的调整。2007 年 7 月 26 日，奥兰治县（Orange County）县委员会举行听证会批准该项目。该项目预计耗资 3.86 亿美元，其中三分之二的资金来自公共基金，主要是来自佛罗里达州奥兰治县旅游发展税。另三分之一来自私人捐款，其中大部分来自于菲利普博士基金，该基金主要通过投资地产的方式资助慈善事业。但是，之后佛罗里达州旅游产业发展增速减缓导致税收降低，并且在全美经济不景气的情况下，该计划被迫分阶段实施。同时，这种调整是在保证演艺功能完整性的承诺下，尽可能使资金有更高的使用效率。

　　2009 年，董事会通过分段实施该项目的决议。第一阶段实施内容包括：主入口大厅和圆形大厅、主宴会厅和户外表演广场（图 5-36），以及演艺设

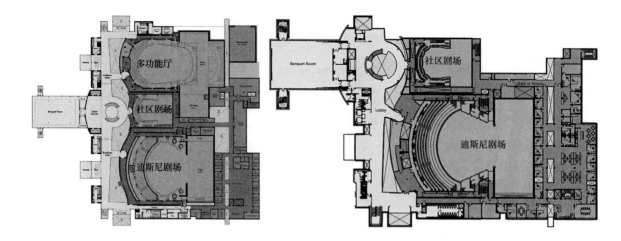

图 5-37 拟建演艺中
心平面图（左）
图片来源：作者根据
http://www.drphillipscenter.
org/progress/design 资料
绘制.

图 5-38 一期建设演
艺中心平面图（右）
图片来源：同上

施中 3 个拟建剧场中的 2 个（图 5-37），即 2700 座的迪士尼剧场（Disney Theater）和 300 座的吉姆与阿里克斯普格社区剧场（Jim & Alexis Pugh Community Theater）。第一阶段约需 3 年完成（图 5-38）。2011 年开始筹划第二阶段建设，目前拟建建筑不详。

5.2.3 混合使用艺术区

艺术区在前文已有所涉及，世界著名的如纽约百老汇和伦敦西区属于长期历史生长形成的。对于很多城市，并没有这样的基础，因此需要城市人为制订公共政策，鼓励艺术集聚效应的生成。尤其是在城市核心区域，艺术的价值很容易吸引消费者前来，因此，大量艺术设施的集中不仅可以激发城市中心活力，也能够为城市树立标志性形象。艺术区往往包括许多独立的开发项目，各个地块有着不同的产权归属。因此，艺术区的开发包含着众多的参与者，不仅包括多家房地产公司，也可能包括多个艺术团体、社会团体。协调各个参与者不同的利益和需求是十分复杂、十分重要的。在整体区域发展的宏大目标要求下，往往给规划设计者们提出更具挑战性的要求，涉及土地利用、规划设计、资金和管理等方面。因此，艺术区常常消耗更长的时间以及巨大的资金投入。针对这一事实，在实际操作中常常采用分区、分期逐步进行的方式。

另外，艺术区的兴建往往和城市历史区域产生联系。一方面，新建艺术区可能希望通过历史文化建筑增强自身环境氛围，或者将历史建筑更新与艺术设施建设合并进行。另一方面，艺术区往往占地广大，难以避开城市历史建筑。因此，合理处理艺术与历史建筑的关系也是值得思考的问题，这在后文还会详细阐释。

达拉斯艺术区是达拉斯市领先的视觉和表演艺术机构的基地，是促进该地区创造力和活力的催化剂。不论是在规模还是艺术层次方面都是全美国首屈一指的。该艺术区建设是对混合使用艺术区研究极具代表性的案例。以下对混合使用艺术区诸多特点的研究以此案例为基础展开。

5.2.3.1 其他功能对艺术的支持

达拉斯市在 20 世纪 60、70 年代中经济取得飞速发展，成为美国南方的重要城市。然而伴随着经济发展的是城市中心的空洞化以及城市特征的缺乏。在 1980 年代，达拉斯市中心已经开发建设了大量办公场所。但由于城市中心缺乏吸引力，很多白领白天在办公室上班，晚上则驱车回到远离市中心的家里。因此，繁荣市中心、形成为之瞩目的焦点成为城市政府关心的问题。

与此同时，达拉斯的一些著名艺术团体却受困于空间的限制。达拉斯交响乐团成立于 1900 年，是当时全美仅有的 6 个交响乐团之一，然而到 70 年代晚期仍没有固定演出基地。达拉斯艺术博物馆也是全美闻名的文化机构。[①] "类似的还有达拉斯芭蕾舞团和许多戏剧团体和博物馆，都发展到超过其原有设施能够容纳的程度，面临着空间和经济两方面的局限。"（斯内德科夫，2008）[252] 早在 20 世纪 70 年代，达拉斯市聘请了一系列顾问公司，以确定如何以及在何处建设艺术和文化设施。"1977 年波士顿的卡尔·林奇顾问公司（Carr Lynch Associates）提交了一份计划。在该计划中，首先否定了林肯中心式的大型综合设施，因为消耗资金太大，并且各个组成部分会受到约束。另外，在城市中分散分布的方式也被否定，主要由于难以改善城市形象，并且各个设施之间难以相互支持。最终确定在城市中心建设艺术区的构想。因为在城市中心有超过 10 万名白领在白天工作，在这里设置艺术机构可以丰富夜晚活动，有助于增强城市活力。另外，艺术设施的注入可以改善大量办公楼形成的枯燥环境，改善城市形象。"（斯内德科夫，2008）[255-256] 1982 年，佐佐木英夫事务所（Sasaki Associates）[②] 在参与提案的 9 个公司中胜出。佐佐木英夫事务所的规划中将餐饮和零售业作为重要功能纳入方案中，主要看中他们对艺术机构提供支持的能力（图 5-39）。而餐饮和零售业又是以现有市中心大量办公楼上班的白领为依托的。形成办公楼支持餐饮和零售业，而餐饮和零售业支持艺术设施的局面。

5.2.3.2 艺术环境塑造

佐佐木英夫在达拉斯艺术区的规划中十分强调自然的景观美化和创建步行环境。在该区域的艺术氛围中，人们将参与陶器制作、购买艺术品或者思考某件雕塑作品、某个舞蹈演出的含义等等。通过沿街咖啡馆等零售设施的依托，为市民创造轻松的环境。当然，强调优雅的步行环境并非拒绝汽车，

① 这些建筑原来位于达拉斯市南部边缘的菲尔帕克（Fair Park）。菲尔帕克以黑人聚集区为主，平时很少有市民到访，只是每年一次为期两周的达拉斯州博览会期间非常繁忙。

② 该公司曾经从事了多项设计规划：路易斯维尔的肯塔基文化综合设施、罗切斯特的市中心文化区、水牛城的剧院区和都市文化公园。

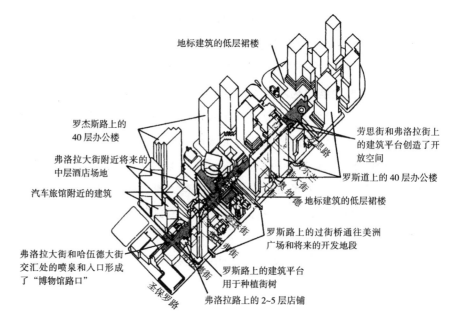

地标建筑的低层裙楼

罗杰斯路上的
40层办公楼

弗洛拉大街附近将来的
中层酒店场地

汽车旅馆附近的建筑

劳思街和弗洛拉街上
的建筑平台创造了开
放空间

罗斯道上的40层办公楼

地标建筑的低层裙楼

罗斯路上的过街桥通往美洲
广场和将来的开发地段

罗斯路上的建筑平台
用于种植街树

弗洛拉路上的2~5层店铺

弗洛拉大街和哈伍德大街
交汇处的喷泉和入口形成
了"博物馆路口"

图 5-39 佐佐木英夫
事务所对达拉斯艺术
区的规划理念示意图
图片来源：斯内德科夫.
2008.文化设施的多用途
开发.梁学勇，杨小军，
林璐，译.北京：中国
建筑工业出版社：263.

图 5-40 佐佐木英夫
事务所1982年达拉斯
艺术区的规划总平面
图片来源：斯内德科夫.
2008.文化设施的多用途
开发.梁学勇，杨小军，
林璐，译.北京：中国
建筑工业出版社：264.

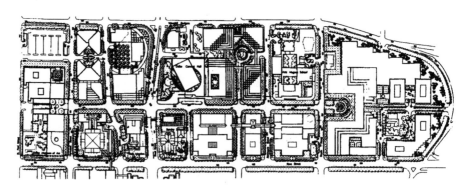

而是通过地上、地下和建筑内部等各种停车方式的组合，实现汽车对环境影响的最小化。

佐佐木英夫的规划显示了对零售以及帮助促进零售的设计和管理概念的极大关心。它将弗洛拉大街划分成三个明显的区域，将食品、零售店铺和每一区域的主要艺术机构联系在一起（图5-40）。为了实现上述目标，该规划建议，每一地区15%~20%的零售运作，应该和艺术主题有关。为了鼓励建造零售和食品商店，该规划要求，将树木种植成交错排列的3排，人行道区域可用作咖啡馆和街道演出。按照弗洛拉大街建筑的设计指导方针建议，将较低两层楼的50%用玻璃建造，75%用于零售或展示。

5.2.3.3　各地块独立开发

佐佐木英夫的总体规划获得了联盟所有成员的支持，并在1983年形成街区建设指导方针。规定任何规划开发艺术区地产的团体，其设计方案必须与佐佐木英夫规划方案一致。因此，虽然艺术区用地范围内不同的地块分别属不同的所有者，在开发过程中仍能保证区域利益的一致性。最终通过各自不同的独立开发共同实现整体区域的发展。

规划中第一阶段的主要建筑见表5-1。在1980年代期间，以达拉斯艺术博物馆和迈耶森交响乐厅为核心，为艺术区奠定基础（图5-41）。

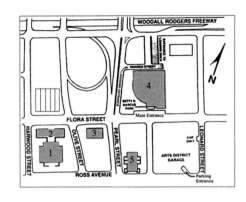

图5-41 达拉斯艺术区1980年代建设进展
图片来源：笔者根据 http://www.theflashlist.com 资料绘制.
图片说明：1.特拉梅尔乌鸦中心；2.亚洲艺术收藏馆；3.贝洛大厦；4.迈耶森交响乐厅；5.瓜达卢佩圣母大教堂

佐佐木英夫事务所1984年制订达拉斯艺术区规划主要建筑数据 表5-1

功能类型	功能名称	面积
营利性功能	办公	约119万平方米
	酒店	1250间客房
	餐厅	19230平方米
	零售	27313平方米
艺术类功能	达拉斯艺术博物馆	19509平方米
	迈耶森交响乐中心	24154平方米
	达拉斯剧院中心	1858平方米
其他	公共停车场	24.7万平方米（1651车位）
总建筑面积		约140万平方米

资料来源：作者根据 Harold R. Snedcof 的著作《Cultural Facilities in Mixed Use Development》（1985）相关数据编制。

贝洛大厦（Belo Mansion）[①] 1890年建成，1900年哈贝尔和格林（Hubbell and Green）进行翻新，1978年由布鲁森建筑公司（Burson, Hendricks & Walls）进行修复和扩建。当前是达拉斯律师协会所在地。

巴恩斯（Edward Larabee Barnes）设计的达拉斯艺术博物馆（Dallas Museum of Art）于1984年落成（图5-42）。该博物馆是达拉斯艺术区关键组成部分。建筑在1993年由巴恩斯再次对其进行扩建，在博物馆北端扩建了哈蒙大厅（Hamon Building）。哈蒙大厅为原博物馆扩展了新的入口以及从伍德尔罗杰斯（Woodall Rodgers Freeway）可以进入的停车场，同时扩展了公共大厅、临时展厅和地下停车场（图5-43）。博物馆的外部空间有巴恩斯设计的精巧的墙壁雕塑园，在市中心形成舒缓的外部空间。其中包括景观设计师丹·凯利的现代雕塑，结合落水改善周边小气候，并通过绿化墙遮挡城市街道噪声。

达拉斯特拉梅尔乌鸦中心（Trammell Crow Center）和亚洲艺术收藏馆（Crow Collection of Asian Art）1984年由SOM建筑设计事务所的斯基德莫尔（Louis Skidmore）和梅里尔（John O.Merrill）设计。1998年Booziotis

① 贝洛大厦由《达拉斯晨报》（Dallas Morning News）创始人贝洛（Coleonel A. H. Belo）投资兴建，1893年以建设达拉斯县法院（Dallas County Courthouse）而出名的大卫·摩根（David Morgan）公司负责营建。在19世纪末期，罗斯大道（Ross Avenue）是达拉斯市的黄金地段，城市最成功的银行家、制造业工厂主、商人和律师都居住在附近。1978年达拉斯律师协会（Dallas Bar Association）购买其产权，并于同年进行扩建。

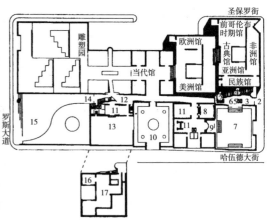

公司进行翻新。达拉斯特拉梅尔乌鸦中心由 SOM 的合伙人理查德·基廷
（Richard Keating）设计。该塔楼共 50 层，外立面采用花岗岩和玻璃材质，
位于艺术区边缘。塔楼平面采用"十"字形，在 1984 年落成时以其古典的
造型丰富了达拉斯城市天际线（图 5-44）。建筑底部 5 层是亚洲艺术收藏馆，
1998 年进行了装修，容纳超过 600 件反映中国、日本、印度和东南亚文化的
展品。演艺建筑方面，达拉斯剧院中心属于临时剧场，于 1984 年 2 月投入使用。

达拉斯迈耶森交响乐中心（Morton H. Meyerson Symphony Center）
1989 年落成，贝聿铭通过富有标志性的建筑为达拉斯艺术区构建了崭新的形
象（图 5-45），通过与著名声学家罗素·约翰逊（Russell Johnson）的合作，
共同营建出跻身世界顶级音质效果的厅堂。观众厅结合巴洛克的建筑语汇，
空间效果充满神秘色彩引起观众无限遐想（图 5-46）。

进入 21 世纪，艺术区继续发展，先后建成了一大批重要的项目：
2003 年，伦佐·皮亚诺（Renzo Piano）设计的纳西尔雕塑中心（Nasher

图 5-44 特拉梅尔乌
鸦中心外观
图片来源：http://www.
dallasarchitecture.info/
trammell.htm.

图 5-45 迈耶森交响乐中心外观
图片来源：http://www.panoramio.com/photo/4768386.

图 5-46 迈耶森交响乐中心室内
图片来源：http://www.artec-usa.com/03_projects/
performing_arts_venues/morton_meyerson_
center/images/mcdermott_hall_photo01.html

Sculpture Center）于 2004 年 10 月完工；2008 年，由布拉德·普菲尔（Brad Cloepfil）设计的布克华盛顿表演和视觉艺术高中（Booker T. Washington High School for the Performing and Visual Arts）落成；2009 年，AT&T 表演艺术中心（AT&T Performing Arts Center）开幕，包括由福斯特及合伙人事务所（Foster+Partners）设计的歌剧院和由 REX 与大都会设计事务所（OMA）合作设计的一个戏剧院。至此，原先规划的迁移到该区域的主要文化设施已经建设完毕（图 5-47）。2012 年开放的城市表演大厅（City Performance Hall）是一个由小型和中型剧场组成的剧场群，整个艺术区建设将全面完成。

以下对几个主要演艺建筑做一介绍：

AT&T 表演艺术中心的马格特和比尔·文斯皮尔歌剧院（Margot and Bill Winspear Opera House）通过使用现代建筑语汇，重新诠释了传统马蹄形歌剧院建筑（图 5-48）。① 通过钢框架远远伸展，覆盖了观众休息厅以外的室外空间（图 5-49）。这个建筑反映了比尔·文斯皮尔的价值观，这个加拿大出生的企业家为这个总投资 1.5 亿美金的项目捐助 4300 万，以和更多人分享他对音乐的激情，并且尽可能使厅堂音质效果更加完美。当然，第二个目标已经实现，而歌剧院杰出的设计也正吸引更多人前来观看演出。

① 文斯皮尔花费在厅堂形式的精力甚至超过了对厅堂效果的关注。伍重（Jorn Utzon）为澳大利亚设计的悉尼歌剧院（Sydney Opera House, 1973）以及斯诺赫塔（Snohetta）设计的位于奥斯陆（Oslo）的挪威国家歌剧院（Norwegian National Opera House, 2009）都为文斯皮尔的构想树立了榜样。这些剧院大多采用丰塔纳（Carlo Fontana）设计于 300 年前的威尼斯剧院中首次采用的马蹄形的厅堂。

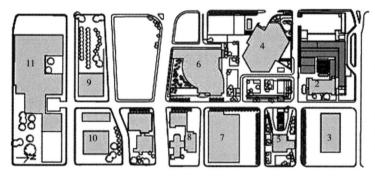

图 5-47　达拉斯艺术区主要建筑区块示意图
图片来源：http://archrecord.construction.com/schools/09_BookerT_Washington.asp.
图片说明：1. 布克·华盛顿表演和视觉艺术高中扩建；2. 学院原建筑；3. 城市表演大厅；4. 比尔·文斯皮尔歌剧院；5. 威利剧院；6. 迈耶森交响乐厅；7. 霍尔艺术大厦；8. 瓜达卢佩圣母大教堂扩建；9. 纳西尔雕塑中心；10. 亚洲艺术收藏馆；11. 达拉斯艺术博物馆

图 5-48　马格特和比尔·文斯皮尔歌剧院观众厅室内（左）
图片来源：http://archrecord.construction.com/projects/portfolio/archives/1002winspear-1.asp.

图 5-49　马格特和比尔·文斯皮尔歌剧院首层平面图（右）
图片来源：同上

原先仅仅沿着弗洛拉大街一条街道规整布局每个建筑的规划，随着对艺术态度的转变而产生根本变化。福斯特的高级合伙人之一格雷（Spencer de Grey）对户外表演空间有着特殊的热情，设计了一个旨在增强建筑和观众联系的露天广场（图 5-50）。这个露天广场结合了歌剧院的钢框架作为遮阳棚，将主要表演流行音乐和供传统音乐节演出服务（图 5-51）。今天，大量的室外开放空间正吸引越来越多从没观看过演出的人前来。这些开放空间有着与建筑同等的重要性。为了鼓励这种公共性空间的效果，建筑师设计了南北向的公园和便道连接建筑和弗洛拉大街。因此，文斯皮尔现在与迈耶森交响乐中心共同分享一个 4 万平方米的公园，该公园与弗洛拉大街成 30 度交角。半个世纪以来，文化机构一直担任市区复兴和扩张的重要支柱。因此，除了为歌剧和其他演出提供优质的空间环境，文斯皮尔歌剧院更为克服早期剧院精英属性而与周围城市空间隔离问题树立了榜样。

AT&T 表演艺术中心的查尔斯·威利剧院（Dee and Charles Wyly Theatre）是一个多功能剧场，有 575 个观众座席，可以通过可动座椅的布置和收放达到不同的功能要求（图 5-52）。该剧院立面采用百叶窗玻璃幕墙，形成"凝固的瀑布"效果。不仅可以使观众和城市形成双向互动，而且从远处看，剧院就好像漂浮在半空中（图 5-53）。威利剧院总建筑面积 7500 平方米，另外包括酒吧、办公室、服装制作和多功能屋顶花园。

传统的剧场建筑附属空间总是在平面上将主舞台围绕在中间。而在威利剧院中，库哈斯没有采用常规剧场建筑功能的布置方式。为了实现更好的灵

图 5-50 马格特和比尔·文斯皮尔歌剧院前广场（左）
图片来源：http://www.archdaily.com/41069/winspear-opera-house-foster-partners/.

图 5-51 马格特和比尔·文斯皮尔歌剧院遮阳框架（右）
图片来源：同上

图 5-52 威利剧院观众厅多功能布置示意图
图片来源：http://archrecord.construction.com/projects/portfolio/archives/1002wyly-1.asp.

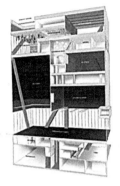

图 5-53　威利剧院外观（左）
图片来源：同上

图 5-54　威利剧院剖面功能示意图（右）
图片来源：同上

图 5-55　布克·华盛顿视觉及表演艺术高中外观（左）
图片来源：http://archrecord.construction.com/schools/09_BookerT_Washington.asp.

图 5-56　布克·华盛顿视觉及表演艺术高中平面图（右）
图片来源：同上
图片说明：1.小剧场舞台；2.创意咖啡厅；3.室外观众席；4.虚拟艺术工作室；5.室外工作场；6.后台；7.卸货平台；8.舞蹈工作室

活性，库哈斯采用垂直方向的功能叠加，将观众休息厅单独放置在建筑底层，演出相关的办公室、化妆间和排练室等功能垂直分布在二至二十一层。整个辅助空间对主舞台形成垂直的、立体的环绕（图 5-54）。

　　布克·华盛顿视觉及表演艺术高中最早于 1922 年建成，2008 年 Booziotis 公司对其进行更新。同年，联合工作室（Allied Works）的布拉德·普菲尔主持设计对该校进行扩建，总耗资 5500 万美元（图 5-55）。这次扩建增加了该校毕业生急需的工作室和演出空间，通过一系列环环相扣的房间形成高效而激发灵感的空间效果（图 5-56）。

5.3　外部空间营造

5.3.1　整合城市空间

　　在演艺建筑混合使用项目中，演艺建筑无疑是促进项目活力、提升项目形象的关键。然而，传统的演艺建筑常采用一种较为封闭的姿态出现在城市中，与周边城市空间缺乏联系和对话。近几年，为了促进人们对艺术的了解以及激发城市活力，高雅艺术从圣殿中走出，新建演艺建筑越来越呈现出开放的特征。这也为混合使用项目诸多功能的整合提供了契机。以演艺建筑为主导的室外空间可以将各部分功能相连接，使得艺术成为整体开发的核心。

这一点在爱尔兰的都柏林港区复兴项目中得以体现。港区采用混合使用的方式，添加一系列新的建筑，并通过室外广场的连接，形成对港口地区旧有城市秩序的新整合。20世纪90年代中期开始的经济飞跃使爱尔兰转变为凯尔特之虎（Celtic Tiger）。虽然随着全球经济危机的影响，已经在最近几年逐渐势弱。然而，潜在的经济复苏迹象随处可见，其中作为经济先锋的是都柏林港区（Dublin Docklands）——一个大约80公顷的旧有工业用地以及经济性住宅区。都柏林港区沿着利菲河（Liffey River）南北侧的两岸伸展，整体上位于都柏林城市中心和都柏林湾之间（图5-57）。

自1997年以来，都柏林码头区发展管理局（Dublin Docklands Development Authority，DDDA）作为一个自负盈亏的国家机构，一直负责港区的社会和经济复兴，并通过建筑改造，形成了密集而又现代化的混合使用区。在近几年的发展中，该地区已经吸引了包括公共和私人投资总计68亿美元的资金。都柏林码头区发展管理局的统计结果显示，至2012年在港区工作的人口较1997年翻了一倍，达到4万人，而居住人口从17500人增加到22000人。

这种转变中，一批新建筑的落成发挥着重要的作用。都柏林港区在过去几年完成了许多建筑，包括：由都柏林建筑师Donnell和Tuomey设计的社区活动中心，采用混凝土表面和仿照船只舷窗的立面（图5-58）；一个会展中心，由爱尔兰裔美国人Kevin Roche设计，采用圆柱的玻璃中庭，并可以俯瞰利菲河（图5-59）；以及一个2000座剧院——爱尔兰都柏林的大运河剧院（Grand Canal Theatre），由丹尼尔·里勃斯金设计，并采用了他名片

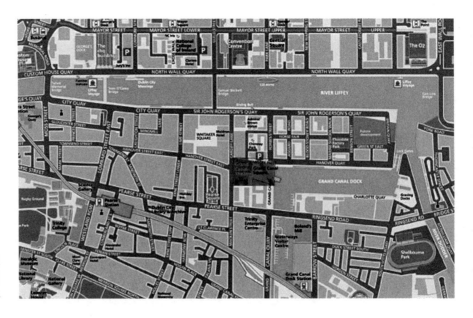

图 5-57　都柏林港区
混合使用开发总平面图
图片来源：www.ddda.ie.

图 5-58 社区活动中心
图片来源：同上

图 5-59 会展中心
图片来源：http://archrecord.construction.com/news/daily/archives/2010/11/101122dublin_docklands.asp.

性的设计手法，建筑形式上突出尖角和倾斜的墙面（图 5-60）。大运河剧院是一个包含商业开发的混合使用项目。其设计理念旨在创造一个强有力的文化设施，而重新整合周边文化、商业和住宅建筑。新的建筑综合体创造了一个动态的、充满活力的城市焦点。混合使用区内还包括新的大运河广场、办公建筑、零售空间以及用于出租的住宅单元。

特别是大运河剧院广场，成为大运河海港旁边新的城市中心。广场依靠大运河剧院，将剧院建筑作为背景，同时广场成为城市的大型公共活动的舞台（图 5-61）。剧院的观众休息大厅提供了多层次的观赏视角。在广场周边，一边是五星级酒店和住宅，另一边是办公建筑。广场扮演了一个巨大的露天剧场，成为民众聚集以及欣赏都柏林港景色的公共空间。与剧场建筑结合在一起开发的还有两座办公建筑，共拥有 45500 平方米的可出租办公空间和零售空间（图 5-62）。

图 5-60 大运河剧院
图片来源：http://www.designboom.com/weblog/cat/9/view/9508/daniel-libeskind-grand-canal-square-theatre-and-commercial-development.html.

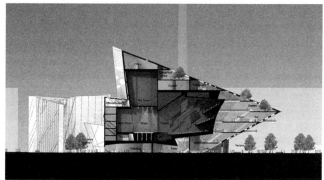

图 5-61 大运河剧院剖面图
图片来源：http://www.designscene.net/2010/03/grand-canal-theatre-by-daniel-libeskind.html.

图 5-62 大运河剧院
广场鸟瞰
图片来源：同上

图 5-63 卡拉特拉瓦
设计的大桥
图片来源：http://www.
panoramio.com/photo/
50586662.

① 野口勇（Isamu
Noguchi）是 20 世纪
最著名的雕塑家之
一，也是最早尝试将
雕塑和景观设计相结
合的人。1904 年出生
在美国洛杉矶，曾前
往巴黎师从著名雕塑
家布朗·库西，习得
以雕和凿为主的创作
技巧。后来，来到中
国跟随齐白石学习中
国水墨画并对中国园
林的造园手法进行了
研究。接着，他回到
了日本，对日本园林
产生了浓厚的兴趣，
并潜心研究日本禅宗
庭园的魅力。至此，
他开始涉足景观设
计，将雕塑的语言以
及东方的空间美学，
融入西方的现代理性
景观设计中。

另外，新的交通基础设施也十分引人瞩目。一个由圣地亚哥·卡拉特拉瓦设计的桥梁和轻轨系统站以其凸显结构美学的特征增进了这一区域的吸引力（图 5-63）。

5.3.2 与公共艺术结合

公共艺术对于提升城市形象，增强公共的自豪感、归属感以及凝聚力具有非常重要的作用。通过有针对性的设计，公共艺术往往能够表达特定的场所精神，并以无声的方式改变着城市环境以及生活品位。

美国加利福尼亚州科斯塔梅萨（Costa Mesa）的南海岸广场开发项目不仅通过演艺业的介入而取得成功，更通过一组知名的雕塑而塑造了吸引人的外部空间。遍及广场的艺术和娱乐吸引了附近工作和生活的人们。尤其是南海岸广场引入的野口勇① 设计的"加州剧本"（California Scenario）雕塑园，受到高度赞扬。"南海岸广场位于两条主要的高速公路的汇合处，洛杉矶在北面 64 公里，圣迭戈在南面 128 公里，纽波特海滩和太平洋在 8 公里外，而迪士尼乐园仅仅在北面 16 公里之外。这一刚刚超过 80 万平方米的混合使用项目，包含了 204380 平方米的商业办公空间，一家有 400 间客房的威斯汀酒店，一座 157930 平方米的零售中心，南海岸轮演剧院，奥兰治县表演艺术中心、公园、影院和饭店。"（斯内德科夫，2008）[176] 开发商 C·J·西格斯托姆在建设过程中注意到林立的办公楼之间缺乏吸引大众的场所。希望能够形成供人们停留的、有吸引力的空间环境。基于这些想法，西格斯托姆找到了当时十分著名的艺术家野口勇，希望由其创作一些作品。

作品"加州剧本"便是在这一背景下应运而生。野口勇将一个占地约 0.6 公顷的较为封闭的方形庭院布置于办公楼下（图 5-64）。在这一封闭的空间中，通过当地石材和雕塑的介入，构成 7 主题以呼应当地自然特征。

在这个庭院中"地面由大块南非浅棕色不规则片石铺砌，暗示布满岩石的荒漠。园中零星散落的一些石块，传达出日本传统庭院石组的意境，其中一组由 15 块经过打磨的花岗岩大石块咬合堆砌成高 3.7 米的雕塑，称为'利马豆的精神'，源于设计师对加州富饶起源的联想，并象征着公司创始人的奋斗精神[①]。"（林菁，2002）类似的主题还有通过圆锥形土堆暗喻加州沙漠；通过坡地上种植的红杉暗示加州海岸；在石砌场地上勾画弯曲的水流表现加州的河流等等（图 5-65、图 5-66）。

在"加州剧本"两侧，办公楼大厅面朝公园。在另外两个侧面高大结实的墙面围绕着停车楼。这些墙涂白灰浆，以反射加利福尼亚白天的阳光以及夜晚的月光和经过反射的人工光线（图 5-67）。野口勇试图通过多种隐喻，使人们联想起这一场地的固有特征；融合日本式的禅宗理念，在有限的空间产生步移景异的体验，将静态的雕塑小品串联成动态的景观联想。

① 开发商西格斯托姆家族曾经在科斯塔梅萨地区从事利马豆作物种植超过 50 年。在野口勇提出"利马豆的精神"这一名称时，西格斯托姆还以为是在取笑他。事实是，该名称源自野口勇对地域性特征的思考。

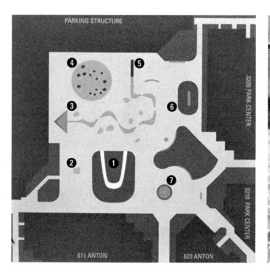

图 5-64 "加州剧本"平面图（左）
图片来源：http://www.yelp.com/biz_photos/california-scenario-the-noguchi-garden-costa-mesa?select=hcJ1pzctT-UT8nlK-Pn_EQ.

图 5-65 "加州剧本"沙漠地和溪流（右）
图片来源：袁华祥，袁勇．2010．雕塑语言在景观设计中的运用．北京：艺术与设计，（07）：84.

图 5-66 "加州剧本"
沙漠地和溪流（左）
图片来源：https://c2.
staticflickr.com/6/5058/5
537906219_72787e9f42_
b.jpg.

图 5-67 "加州剧本"
墙体界面（右）
图片来源：http://www.
thetastesetters.com/wp-
content/uploads/2014/
03/Noguchi04_optimized.
jpg.

5.3.3　与自然景观结合

博多运河城（Canal City）位于日本九州自明治时期以来最为繁荣的商业区——天神地区。该商业综合体总占地面积约 34700 平方米，总建筑面积约 234500 平方米，包括 1300 个停车位。由福冈地区最具实力的福冈地所株式会社投资约 800 亿日元开发，是当时日本最大的私人投资的城市复兴项目（图5-68）。这个项目的开发是借助了现有的地利，而且能够把多种功能集于一身，不是硬性打造的一种项目，而是顺其自然形成的。

在这个综合设施内，聚集了专卖店、剧场、电影院、酒店、办公、餐饮、展览和娱乐设施。博多运河城的住宿功能包括福冈君悦大酒店和福冈华盛顿饭店运河城店。娱乐功能包括日本最著名的四季剧团的第一个专用剧场"福冈城市剧场"，汇集 13 个影厅的"AMC 运河城 13"，高科技游艺主题公园"福冈快乐国"。零售和餐饮功能由 250 余家餐厅和店铺组成，涵盖和服等日本特色商品、化妆品、纪念品、时装、百货、玩具、流行文化、体育和户外用品，以及代表日本餐饮文化特色的拉面竞技街等。这些功能的创新使运河城从一个普通的城市综合体转变为能够吸引大量外来旅游者、展现福冈文化魅力的"目的地性城市综合体"，实现了质的飞跃。博多运河各部分功能比例见表（表 5-2）。

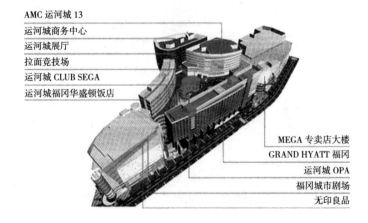

AMC 运河城 13
运河城商务中心
运河城展厅
拉面竞技场
运河城 CLUB SEGA
运河城福冈华盛顿饭店

MEGA 专卖店大楼
GRAND HYATT 福冈
运河城 OPA
福冈城市剧场
无印良品

图 5-68　博多运河城
功能组成
图片来源：http://blog.
soufun.com/22803396/
3067033/articledetail.htm.

博多运河城各类功能面积统计表　　　　　　表 5-2

功能名称	建筑面积（平方米）	所占百分比
酒店	52600	23.4%
零售和餐饮	59199	25.2%
剧场	18830	8%
办公	26761	11.4%
其他公共设施和停车场	77110	32.8%

资料来源：笔者根据 http://blog.soufun.com/blog_22803396.htm 资料制作

　　博多运河城的整体设计并不局限在建筑本体形式，而是将设计重点聚焦在建筑与建筑之间的空间处理上。以人工运河为中心，将游乐、商业、餐饮等多种功能集聚在一起。并通过河岸、空中连廊、半室外走廊等手法衔接人们的活动，进而将建筑群体内部交通与城市整体空间融合成一体（图 5-69）。

　　在运河边的舞台上，每天都会有艺术家来这里进行现场演出，周边商店每年会组织千余次各种活动，营造愉快而休闲的空间氛围。水体在这里扮演了重要的角色，不仅有助于放松顾客的心理，也为儿童提供了嬉戏、玩耍的场所（图 5-70）。

　　由建筑物围合而成的大型户外演艺空间是整个运河城的中心，四周的商业外廊除去交通功能外，也是人们观赏中心广场上精彩演出的"包厢"（图 5-71）。这一独特的规划使运河城成为凝聚福冈城市梦想的舞台，成千上万的市民和游客参与其中。博多运河城的主角不是建筑物或其功能，而是"人"。这里是互动交流的舞台，顾客时而成为演员，时而成为观众。形形色色的人来这里聚会或休闲，并且演绎着多彩的人生故事。这个城市综合体目前依然

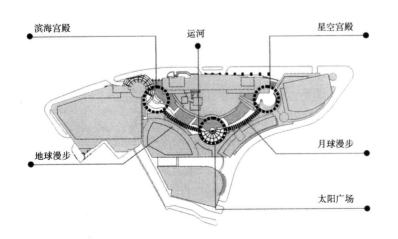

图 5-69　博多运河城平面功能与景观组织示意图
图片来源：笔者根据http://blog.soufun.com/22803396/3067033/articledetail.htm 绘制．

图 5-70 博多运河城
结合水景的商业建筑
界面（左）
图片来源：同上

图 5-71 博多运河城
结合水景和商业建筑
连廊形成的"包厢"
（右）
图片来源：同上

是外国旅游者到达福冈后的第一个旅游目的地，也是以自然风光为特色的九
州之旅中独一无二的城市旅游景点。

5.4 本章小结

演艺建筑混合使用项目的空间重点不在于建筑内部，如舞台、观众厅的
形式和大小，而在于建筑与城市整体结构的关系、建筑与建筑之间的关系和
建筑外部空间的关系。本章从宏观到微观，渐次对几个尺度层面上的问题展
开分析。前章中已经说明，演艺建筑混合使用的优势在于多种产业的结合，
这也就要求有较大规模的城市作为环境依托。显然，由于表演艺术的现场性，
普通观众必须前去剧场观看演出，这就形成了观看演出的"门槛效应"。使得
只有在拥有广大消费者市场的大城市，才能支持得起这种消费。同时，演艺
业基于这一广大的消费者市场，可以从另一种角度实现规模效应，即通过同
一作品的反复上映，降低演出成本。另外，集聚在大城市的众多演出团体可
以通过竞争促进艺术创新和艺术进步。

演艺建筑混合使用盈利的源泉在于多种产业配合形成的对消费者的吸引
力。在项目选址方面，往往优先选择城市商业中心，通过借助成熟的交通设施、
商业环境，使项目获得收益。对于城市新兴区域，虽然远离城市中心，但与
交通节点的结合仍然可以为顾客的光临提供方便。另外，有些城市处于废弃
工业街区复兴的需要，将项目植入旧工业区域，为区域增添活力和经济效益。
混合使用项目常常可以结合原有建筑营造空间氛围。对于演艺空间，则可以
借助旧厂房、库房的现有建筑结构，降低建造成本。

本章接下来从尺度角度将演艺建筑混合使用项目进行划分，分为混合使
用建筑、混合使用地块和混合使用艺术区三种。在此基础上，对不同尺度项
目的功能空间组织特征加以分析。混合使用建筑针对不同的条件限制，在功
能空间组织上可以采用水平、垂直、混合三种手法。混合使用地块的特点在

于开发的统一性，出于商业运营考虑，常创建步行空间以组织多个建筑。同时，这种项目在开发中有一定灵活性，可以通过分阶段建设应对资金压力和整体金融环境的变化。混合使用艺术区包括了多个独立开发项目，由城市主管部门统一管理。通过多个项目长期的、有先后次序的开发，塑造城市艺术形象，达成宏大的城市目标。具体到演艺建筑混合使用项目的外部空间方面，本章通过案例总结了三种手法，分别是：通过项目外部空间整合周边城市空间、在外部空间中设置公共艺术以增强整体艺术氛围、通过与现有自然景观结合提升空间趣味性。

第6章

当代演艺建筑混合使用的城市价值

随着人类生产力和生产关系的演进，在不同历史时期，一些城市以其产业特征迅速崛起。大工业背景下的商业港口格拉斯哥、"汽车之都"底特律、"世界工厂"曼彻斯特、重工业区德国鲁尔，成为工业时代的先锋。信息技术的发展和文化产业的浪潮使得世界著名城市的名单有了改变，以博彩业闻名的拉斯维加斯、以电影业崛起的洛杉矶成了新时代的榜样。

"21世纪成功的城市将是文化的城市。"（Connor，1999）当前，文化已经成为城市发展的核心动力。文化经济以其整体性特点对于促进就业、提升城市形象、激发城市活力等方面有着重要的带动作用。可以说，文化经济"不仅仅是诸多经济功能中的一种，它还是经济的发源地、经济的框架和经济的结构"（桑赛尔尼，2004）。演艺业是文化产业的重要组成部分，不仅具备文化经济的整体性特点，还具有许多独特的优势。本章探讨演艺建筑混合使用对城市的贡献和作用，将结合表演艺术、混合使用两条线索展开研究。

6.1　刺激城市经济增长

6.1.1　衡量表演艺术价值的手段

艺术的内容和形式，常作为衡量某个国家或是地区发展水平的标志。人们通过俄罗斯的表演艺术，特别是交响乐和芭蕾舞而认识、了解这个国家。同样的，很多人对纽约城市的认识也开始于大都会歌剧和百老汇表演。如果提到克里夫兰交响乐队、辛辛那提芭蕾舞人们会联想起俄亥俄州；而提到好莱坞，人们自然会想起加利福尼亚州洛杉矶市，这些显然是表演艺术价值的体现。但对于其大小、强弱的评估，则难以简单地用知名度这类主观感觉来衡量。

① 这项研究在肯塔基州进行，研究倾向于表演艺术带给公众的价值是否能够提高民众的"生活质量"。在他们的研究中，预测了平均每个家庭所要付出多少机会成本才可以避免25%或50%的当地艺术活动的缩减程度。若政府或私人机构减少他们对各种艺术活动的资助，而艺术活动还想维持最小的缩减程度，艺术组织就必须提高大部分门票收入并缩小其他的盈利收入。

在经济学研究中，研究人员使用货币，比如美元，来衡量人们对表演艺术的支持程度。虽然从某种程度上来说，这样的测量方式不能够准确、全面地衡量表演艺术对我们的生活和社会的影响程度，但是某些经济学方法仍然能够测定并预测公众表演艺术的影响力。经济学角度对于表演艺术影响力的研究一类是将重点放在特色艺术组织上，研究他们的价值和组织形式。克拉克（Clark et al，1988）研究了对于是否拥有一个演出团体对不同社区的房地产价值的影响。并且详细计算了演出团体对当地房地产价值的影响程度。马丁（Martin et al，1994）对魁北克公共博物馆系统进行研究，做了详细的调查分析，计算公众对于其中表演艺术的消费状况。汤普森（Thompson et al，2002）的研究团队在2002年，研究了一个地区的民众在维持该地区现有的艺术表演水平上愿意付出的机会成本。①

另外，近年来，一些学者将研究范围扩展到城市整体经济影响方面：

1998 年，伦敦经济学院的特拉沃斯（Tony Travers）发表《温特翰姆报告》（*Wyndham Report*），该报告的研究范围集中在伦敦西区剧院（West End Theatre）。该研究认为在计算演艺业经济价值的时候，需要从整体经济影响角度考虑，不能只局限在剧场票房收入。报告显示："西区剧院在 1997 年经济影响达到 10.75 亿英镑，提供 41000 个就业岗位。观众为观看演出而花费在餐饮、酒店、交通和相关商品的消费达到 4.33 亿英镑。西区剧院总共销售1150 万座次。为英国贡献价值 2.25 亿英镑的外汇收入。"（Travers，1998）此外，西区剧场对整个英国的广告、会计、管理咨询等产业均有着带动作用，其作用比英国电影和电视产业更为显著。在 1998 年，伦敦成为世界戏剧艺术和演艺产业的中心，相比包括美国百老汇在内的其他国家戏剧中心，伦敦西区拥有最多的节目制作团队、最庞大的观众群。而英国戏剧演出的收入也远远超过好莱坞大片《泰坦尼克号》或者《侏罗纪公园》。

2004 年，英国谢菲尔德大学的米尼克·谢拉德（Dominic Shellard）受英格兰艺术委员会（Arts Council England）委托，撰写报告《英国剧场经济影响》（*Economic Impact Study of UK Theatre*）。[1] 该报告认为："对于英国来说，戏剧业每年有 26 亿英镑的产值。这是一个直观而保守的数字，很多额外的演出类型没有包括在内，例如个人巡回演出团体或没有固定演出场所的演出。"（Shellard，2004）1998 年《温特翰姆报告》在研究伦敦西区剧院的经济影响时认为总价值达到 11 亿英镑。米尼克·谢拉德的研究认为这一数字至少是 15 亿英镑。

6.1.2　表演艺术影响经济的方式

表演艺术经济影响的整体效应前文已有所叙述，从经济学角度分析，可以分为直接消费、间接消费和引致消费。在前文中，这些原理被用于阐述演艺业与其他行业结合的可行性的理论基础。此处为论述完整，从城市整体角度再加以简单说明，并引入乘数效应理论进行扩展解释。

6.1.2.1　表演艺术经济影响的类型

（1）直接经济影响

表演艺术活动吸引的资金对当地经济发展有直接影响。部分资金用来支付该地区商品和服务从业人员工资，部分用来支付表演艺术组织内部工作人员工资。此外，表演艺术活动吸引的商务旅行活动为该地区的零售业和旅游相关产业带来了最为直接的影响。

（2）间接经济影响

表演艺术同样能为该地区经济带来间接影响。例如：其他与表演艺术相

① 当时英国全国已注册的戏剧演出场所有 541 家。该报告选取其中 308 家进行研究，其中 259 家在伦敦之外，49 家属于伦敦西区剧场区。该研究中还包含了纯粹商业经营的剧场和政府资助的剧场，是一份演艺业对城市影响十分全面的研究成果。

关的产业会随之兴起或扩大规模。表演艺术活动通过以下方式增加经济收益：一方面增加该地区的公司数量，另一方面增加本地金融机构资金存储量，这些都促进了城市经济发展。

（3）引致性经济影响

引致性经济影响是指人们为了再次购买本地公司生产的产品而将原始消费资金回流到相关产业。表演艺术增加了该地区的收入水平和人口数量，同时又为该地区增加了额外的商品销售量，提高了人们的收入，提供了更多就业机会。

6.1.2.2　表演艺术的乘数效应

当表演艺术从业人员在某一地区消费时，这部分资金会引起该地区整个经济的连锁消费，原始的消费资金的作用成倍增加。这种再消费行为便是乘数效应。如果一个城市的从业人员选择在另一个城市消费，这些消费资金被当做"漏出消费"，这将减小当地的消费乘数和对经济的整体影响力，不能用于计算该地区经济影响水平。表演艺术的直接影响力可以通过数学方法测量，而间接影响和引致性影响必须通过区域乘数来测量。

区域特征影响"漏出消费"和乘数效应的要素体现在以下几点：

（1）区域位置

供应商的区域位置影响人们的消费意愿。如果一个地区的当地供应商不能以便宜的价格出售表演艺术器材，那么该地区的表演艺术组织将向其他地区的供应商购买器材。这样将会造成更大的资金外流，减小乘数效应，减弱影响力。

（2）人口数量

人口数量越多，越能够为公司或个人提供更多机会采购本地商品。人口多的地区外流资金减少，乘数效应增大。

（3）集聚作用

如果一个地区本地资源能够满足当地产业生产的需求，那么这个地区会获得更多的收益。随着时间的推移，人们创建更多的新公司满足表演艺术活动的需求，外流资本减少，乘数效应增加，影响增大。这也是经济发展的首要问题，如何通过表演艺术产业集聚增加投资金额和工作机会。若是某个城市能够获得国家级表演活动的投资和工作机会，教育工作者和培训机构将会变得更加专业化，更能满足演艺行业发展的需求。此外，专门为表演艺术组织提供器材的供应商也会搬迁到离艺术组织近的地方，这不仅会增加该城市的收入和就业机会，也会增加表演艺术活动引起的乘数效应。

6.1.3 表演艺术的经济影响效果

首先，表演艺术行业在维持其正常运作的同时，能够为该地区提供基本工资收入、创造就业机会，并为人民带来其他收益。其次，表演艺术间接影响地区的经济活动。政府部门为本地区的制造业提供必要的工作机会和工资收入，而表演艺术工作者会消费制造业制造出来的东西，例如笔和本，这可视为表演艺术的间接影响。再次，表演艺术受到越来越多的关注，长此以往，会带动零售业和制造业的发展或改革。最后，一个城市表演艺术发展水平会吸引商务旅客和普通游客的到来。如果这些人最终选择移居到这个城市，并影响其他人也到来这个城市，可视表演艺术为该地区"人才引进"做出了贡献。

表 6-1 说明了表演艺术活动对某地区经济和社会发展水平的影响程度。

表演艺术的整体效益分类　　　　　　表 6-1

收益类型	经济收益	社会收益
直接投资	为从业人员支付工资，增加就业机会	增加集体认同感，增加社会资本
观众的参与	游客在当地的开销	建立社区自豪感，增进交流
表演活动收益	提高对本地居民和游客的吸引力	塑造社会形象，减少犯罪活动，促进邻里文化多样性
政府和慈善支持	增加当地 GDP 增长	改善城市环境和基础设施

资料来源：笔者绘制

下面就几方面典型作用结合演艺建筑混合使用这一模式加以详细阐述。

6.1.3.1 刺激本地就业

就业率是一个国家经济发展、社会进步的晴雨表。在一个城市中，居民充分的就业率是社会稳定、幸福感和城市发展的根本基础。因此，在产业转型的背景下，发达国家十分重视演艺业在城市发展中的作用。

根据美国国家艺术基金会（National Endowment for the Arts，NEA）数据（图 6-1）显示，1998 年到 2004 年之间：全美演艺业规模位于前 20% 的州就业人口增长 9.5%，而演艺业排名后 20% 的州就业人口增长了 6.3%；全美演艺业规模位于前 20% 的州演艺业机构数量增长 7.8%，而演艺业排名后 20% 的州演艺业机构数量增长了 5.0%；全美演艺业规模位于前 20% 的州国内生产总值增长 38.1%，而演艺业排名后 20% 的州国内生产总值扩增长 33.6%。

基于上述数据，可以得出表演艺术对整体经济影响的相关系数①。就业增长为 0.57，企业增长为 0.71，国内生产总值增长为 0.87（Goss，2007）[12]。

① 相关系数（correlation coefficient）是衡量两个变量线性相关密切程度的量。相关系数的取值范围为（-1，+1）。当相关系数小于 0 时，称为负相关；大于 0 时，称为正相关；等于 0 时，称为零相关。通常相关系数大于 0.8 时，认为两个变量有很强的线性相关性。

图 6-1 美国主要城市经济发展和演艺业规模关系比较（1998-2004）
图片来源：笔者根据《The Economic Impact of Nonprofit Performing Arts on the City of Omaha》一文相关数据绘制．

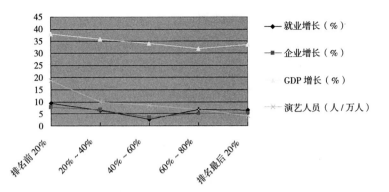

从图 6-1 中对比可以看出，城市演艺业的繁荣与就业增长、企业增长和整体经济增长之间有着密切的关系。其中，表演艺术带动性最强的是国内生产总值（相关系数大于 0.8）。

6.1.3.2 带动多种产业

纳入混合使用开发项目的演艺建筑，由于其自身在经济上的合作特征，使得演艺建筑摆脱常见的财务困境，以提供更为良性的艺术服务。在演艺业兴旺的带动下，其所属混合使用项目常常能够吸引大量人流。这些人的消费并不局限在混合使用区域内，也能够为周边的开发注入活力。

以美国圣迭戈市霍顿中心为例，在其建成后的 30 年中，霍顿中心取得了巨大的成功，为整个圣迭戈市的发展做出了巨大的带动作用。早在 1977 年霍顿广场筹划阶段，哈恩（Ernest Hahn）与杰德（Jerde）联系，目的是希望圣迭戈市可以重拾生气。当时圣迭戈市的税收并不能支付市政府为公民提供的基本服务，所以杰德便设想将霍顿广场设计成为一个新城市核心，希望透过该项目把人流及各商业活动重新带回圣迭戈市。霍顿广场最终揭开了大都会零售体验的新篇章，结合一连串的商铺、餐厅、电影院、剧场、酒店及办公楼，组成了一条双曲线型的步行街，并且塑造市中心成为城市网络中的新连接点。业主和建筑师最初预期霍顿广场需要 5 年才可以发挥其影响力，但项目在开幕第一年便吸引了 2500 万人次，立即成为城市再生的原动力。耗资 1.7 亿美元建成的霍顿广场，自开幕以来，已为圣迭戈市中心及周边地域吸引了超过 24 亿美元的新投资。现在，整个复兴工程为投资资金赚取了 12% 的回报。而在开幕多年后的今日，霍顿广场仍然是圣迭戈市内取得每平方米最高营业额的综合项目之一。

6.1.3.3 繁荣旅游业

在城市产业转型过程中，传统的工业已经逐渐衰落，服务业已经成为经济的主导部分，旅游业开始呈现出新的重要性。旅游业对劳动力的技能要求不是非常高，其中部分岗位不需要专业技能，但却能为城市带来大量税收和更高的声望。此外，旅游业常被视为"无烟工业"，即游客前来消费，却不从当地经济中带走任何东西，并且环境影响容易控制。因此，游客成为城市竞争中激烈争夺的资源，这在许多城市纷纷建造会议中心、五星乃至超五星级酒店和其他吸引游客的设施中可见一斑。

美国国家艺术基金会数据显示：2005 年，美国成年人旅客总计 19980 万中有 46%（9240 万）的旅客，在 50 英里或以上单程旅行中，包括了文化、艺术、文物或历史性游览。这些旅客在每项参观中平均花费 38.05 美元，高出本地消费 75% 用于额外开销，如餐饮、停车和零售（NEA，2007）。

高斯博士（Ernest Goss）在《非营利性表演艺术对奥马哈市的经济影响》（*The Economic Impact of Nonprofit Performing Arts on the City of Omaha*）^①这一研究中，对奥马哈市非营利性表演艺术对整体经济影响做了统计（表6-2）。

① 这项研究 2007 年 1 月由彼得－凯威特基金会（Peter Kiewit Foundation）委托，对美国奥马哈市（Omaha）非营利表演艺术创造的经济效应进行研究。研究区域针对奥马哈大都市区，包括内布拉斯加的道格拉斯、萨披和华盛顿。研究不包括营利性表演艺术，例如奎斯特中心（Qwest Center）。

奥马哈市非营利性表演艺术引致消费　　　　表 6-2

行业	总消费数额（美元）	在奥马哈市发生的消费比例	在奥马哈市发生的消费数额（美元）
商业设施	3676667	100%	3676667
表演艺术团体	41980450	54.5%	22879345
住宿	17111442	41.8%	7152583
餐饮	17868291	89.8%	16045725
汽车加油	23306466	65.0%	15149203
零售	6215058	88.2%	5481681
景点	2330647	71.4%	1664082
其他物品销售	5438175	68.5%	3725150
总计	117927195	64.3%	75774436

资料来源：Ernest Goss，Sally Deskins，Sarah Brandon. 2007. The Economic Impact of Nonprofit Performing Arts on the City of Omaha. The Peter Kiewit Foundation：25.

另外，表演艺术对奥马哈市旅游业提供了强大的吸引力。"其中，41.6%的观众来自奥马哈之外，14.6% 的外来观众在奥马哈过夜。例如音乐剧《狮子王》（The Lion King）在 2007 年 1 月开始上演的一个月间，143 名剧组人员在当地消费 51.48 万美元，而超过 4 万名观众从其他城市前来观看演出，并至少在当地花费 667 万美元。"（Goss，2007）[27] 常见的会议中心、商务酒店这些设施能够吸引较大数量出席会议的人。但这些还远远不够，为了提升旅游业的吸引力，城市的决策者将目光扩展向休闲、艺术方面来增强吸引力。城市也越来越愿意为包含艺术的大型混合使用项目投资，因为健康而活跃的艺术氛围会对人们产生巨大的吸引力。包含演艺功能的混合使用项目成为人们关注的焦点。这种项目通常结合了酒店、餐饮、零售、表演艺术以及会议、展览等功能，迎合了旅游业的多方面的需要，更容易实现一站式旅游服务。在吸引外地游客的同时，良好的演艺设施和演出作品可以留住当地观众的消费。

6.2 提升城市吸引力

表演艺术对经济的影响力不可小视，它能够影响旅游业乃至整个经济的发展。但是，一个国家或地区的人民、主管部门或商业组织等对艺术的支持程度，很大程度上取决于艺术能否提高那个地区人们的生活富足程度。随着生活质量的提高，人们越来越支持表演艺术。高质量的演艺设施和知名的演出团体有助于为城市创造一个美好的形象。虽然对于大多数制造业企业来说，便捷的交通条件和临近原材料资源才是选址的首要因素。但是，无论是城市官员还是广大市民都会将城市艺术的发展作为社会文化水平的标志，人群涌动的艺术设施展示着市民的品位、财富和积极的生活态度。混合使用的演艺建筑项目对城市的效益不仅体现在艺术功能，也体现在混合使用的空间、功能等方面特征。

6.2.1 改善城市交通环境

改善城市交通环境是混合使用模式的一个优势，混合使用项目通过共享停车、道路等方式，可以降低区域交通空间需求量。同时，通过鼓励步行等出行方式，大大减少区域机动车出行需要。例如：办公楼附带的午餐食堂可以降低开车出外就餐的需要，不仅为使用者提供便利，也改善城市交通环境。

6.2.1.1 交通特征与环境效益

通过临近的多种功能设施，混合使用可以最大限度地减少出行距离。这为人们步行或骑自行车提供了方便，形成健康、便利的生活环境。这一特点可以为区域带来多方面的好处（图6-2），以下对一些衍生效益做一简单说明：

一方面，混合使用对地区经济有着独特的作用。尤其是对于提高低收入人群获得工作的可能性，由于低收入人群出行方式常以步行、公共交通为主，其工作地点和居住地点之间的距离受到限制。而混合使用项目为他们获得理想的、便利的工作创造机会。

另一个方面的作用，在于创造社会公平，不论是富裕还是贫穷、年轻还是年老，无论他们是否拥有私家车，对于设施的利用都有平等的机会。同时，离开私家车这种流动的私密性空间，街上的行人增多了，可以促进社区居民

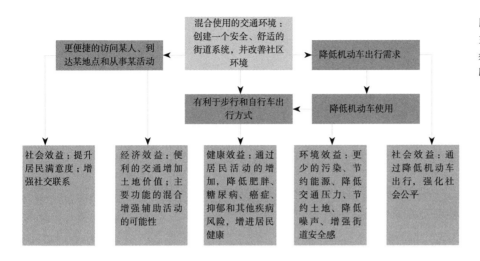

图 6-2　混合使用的
交通环境特征带来的
效益图示
图片来源：笔者绘制

面对面的接触，这同时也可以提高街区安全性。由于不论白天和黑夜，街道上都有人，提高了自然监察的效果。

当然，混合使用不是万能的，如果功能安排不合理，就可能产生噪声污染、空间拥挤等。另外，如有些工业需要重型卡车进出，或者有害排放物，都需要专门的功能区域划分。

6.2.1.2　空间、设施的共享和节约

混合使用地块由于整体开发面积较大、包含功能空间种类众多，而为不同功能错时停车提供基础条件。通常情况下，混合使用地块包括住宅、写字楼、零售、娱乐甚至政府办公等功能。在这一环境中，人们可以将一天中大部分生活、工作内容集中在一起完成，例如上班、购买报纸、午餐、下班之后的娱乐、学习、与人交往等等。在一天的 24 小时中，混合使用地块将提供比单一功能开发更为充分的利用。合理组合多种不同功能可以有效地使用城市资源，如道路、停车场甚至市政下水道。实现不同功能的活跃时间之间的互补，有些是一天之内的不同时段之间，有些是工作日与节假日之间，有些甚至是不同季节之间。

这其中较为显著的例子就是停车场：零售功能主要使用时间是在早晨和傍晚，办公室和工厂则需要在白天的工作时间停车，参观和娱乐场所需要在晚上或者周末停车，住宅区和酒店需要过夜停车。如果所有这些功能可以共享停车位，则总停车需要的空间可以显著减少。图 6-3 显示了办公室、餐厅和娱乐功能在共享停车空间时，可能节约的必要停车位，从每一千平方英尺（约93 平方米）4~5 个车位降低到 2.5~3 个车位。另一个例子是办公室与零售功能的互补。办公室的高峰停车需求集中在星期一至星期五，而零售功能大部分的停车需求是在周末。另外停车需求也可以是季节之间互补，零售功能为

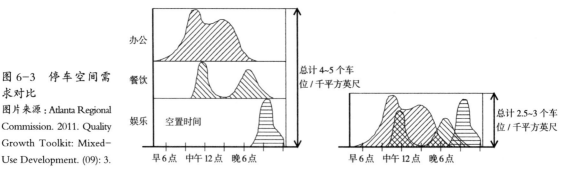

图 6-3　停车空间需求对比

图片来源：Atlanta Regional Commission. 2011. Quality Growth Toolkit: Mixed-Use Development. (09): 3.

冬季假日而准备的多余的停车空间在春季和秋季可以设立农贸市场，而在夏季可以成为儿童暑假游乐的场地。停车空间不是唯一可以通过互补而共享的资源。由于多种功能混合存在，可以有无数的方式互补使用，增加使用效率，如雨水设施、人行道、绿地或公园、安全服务、会议室等等。

6.2.2　促进周边区域开发

对于一些特别成功的混合使用案例，其艺术设施甚至成为周边开发项目标榜的卖点。位于达拉斯艺术区南部的塔尖（The Spire）开发项目（图 6-4）便以临近达拉斯艺术区为重要宣传内容。在该项目的广告中，反复出现与艺术区的密切关系："最值得注意的是，塔尖社区临近著名的达拉斯艺术区，这是全美最大的艺术区"；"塔尖社区是一个充满活力的绿色公园，不仅可以步行到达拉斯艺术区，还有便捷的公共交通相连接。"（Spire Realty Group，

图 6-4　塔尖社区规划总平面图

图片来源：http://www.thespiredallas.com/masterplan/masterplan-map.

图片说明：1. 纳西尔雕塑中心；2. 特拉梅尔乌鸦中心和亚洲艺术收藏馆；3. 瓜达卢佩圣母大教堂；4. 迈耶森交响乐厅；5. 艺术区停车楼；6. 施特劳斯艺术广场；7. 马格特和比尔·文斯皮尔歌剧院；8. 演艺公园；9. 迪和查尔斯·威利剧院；10. 布克·华盛顿表演和视觉艺术高中；11. 城市表演大厅；12. 圣保罗联合卫理公会教堂；13. 达拉斯黑人舞蹈剧场；14. 青年团契教会教堂。

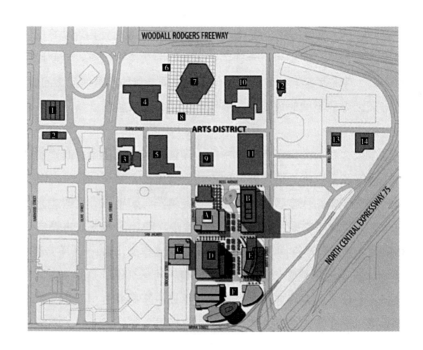

2012）塔尖社区主要建筑和规模参见表 6-3。

塔尖社区规划建筑功能构成　　　　　　　　　表 6-3

地块名称	建筑类型	功能组成	规模
地块 A	6 层办公楼	办公	14100 平方米
		零售	1840 平方米
地块 B	32 层办公楼	办公	65030 平方米
		零售	1290 平方米
地块 C	停车楼，地上 13，层地下 2 层	停车	共 1381 停车位
地块 D	21 层办公楼	办公	36230 平方米
		零售	1730 平方米
地块 E	13 层居住建筑	零售	930 平方米
		住宅	14000 平方米（190 套）
地块 F	30 层酒店	酒店	37160 平方米（500 套客房）

资料来源：笔者根据 http://www.thespiredallas.com 相关数据编制

6.2.3　激发城市 24 小时活力

英国在 20 世纪 80 年代出现夜晚经济的概念。当时夜晚经济主要是一个关于时间的定义。每天下班时间之后，企业停止交易，人们回到家里，而商店关门。对于城市来说，成为一段空白的时间。如果没有适当的设施，城市中心则成为黑暗、危险的地方。人们对于城市中心的概念停留在只想在那里工作，而不想在那里生活，只有回到家中才具有安全感。

混合使用项目为全天候活动提供了可能性。白天作为办公的城市区域，在工作之外的时间，可以为人们提供用餐、约会、欣赏演出等功能。由于各种功能有着独特的运营时间范围。如果将不同功能的时间合理组织，就可以保证 24 小时的城市活力（图 6-5）。尤其对于城市中心区，通过酒吧、娱乐、居住等功能的介入，不仅可以降低"钟摆"式的交通压力，也可以提高城市安全性。

墨尔本城市政策研究人员对该市包含演艺设施的城市区域全天人群活动情况做了统计（图 6-6）。城市在上午 8 点到下午 6 点是大多数人开展日常工作的时间，期间人们参与会议、吃午饭，游客则参观旅游景点。下午 6 点以后，人们结束一天的工作，开始享受城市的休闲设施，例如聚会、共进晚餐、观赏演出或参观画廊。大约在晚上 11 点到午夜 12 点，城市氛围趋于沉寂。许多游客和工作人员已经离开市区，剩下的人则聚集在酒吧、社团俱乐部或者观赏现场表演。大多数城市居民在这个时间内开始休息。而城市清洁工作主要利用这段时间进行，为迎接新的一天做好准备。

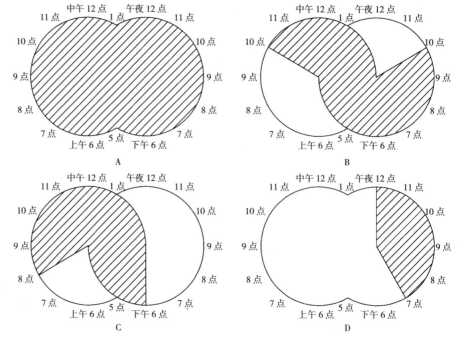

图 6-5　几种常见功能运行时间范围

图片来源：作者参考刘伯英《国外城市的混合使用中心》（1991）绘制

图片说明：A. 餐饮、酒店；B. 商业、零售；C. 工作、办公；D. 演艺、娱乐、酒吧

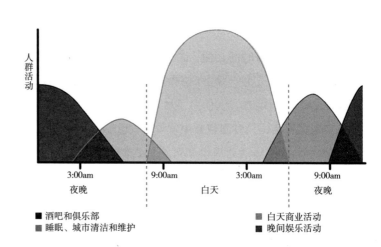

图 6-6　墨尔本市全天人群活动情况

图片来源：City of Melbourne, City Research, 2005, City Users Estimates and Forecasts Model (1998–2015), Melbourne City Council, Melbourne: 7.

① Trizec 房地产公司（TRZ）是华盛顿水门建筑群的所有者，市场主要集中在美国亚特兰大、芝加哥、达拉斯、休斯敦、洛杉矶、纽约和华盛顿特区，并在加拿大有分公司。2006 年被同业竞争对手 Brookfield 房地产公司（BPO）和 Blackstone 集团公司收购。

6.2.4　提高城市知名度

演艺建筑混合使用还可以为提高城市知名度提供良好的基础。具体手段主要有两种：一种是重要文化事件的发生，另一种是举行节庆活动。

演艺建筑混合使用项目通常拥有极为完善的服务功能，例如：酒店住宿、商务洽谈、购物等等。当有重要文化事件进行时，混合使用的项目常常比独立的演艺建筑更具竞争力。全球范围内具有极高知名度的奥斯卡奖颁奖典礼，就选择在好莱坞高地中心（Hollywood & Highland Center）这样的混合使用项目中举行。好莱坞高地中心由 Trizec 地产公司① 主导开发，于 2001 年

图 6-7　好莱坞高地中心鸟瞰
图片来源：Schwanke Dean, Philips Patrick L, Spink Frank, et al. 2003. Mixed-Use Development Handbook. 2nd ed. USA: Urban Land Institute: 97

图 6-8　柯达剧场（现杜比剧院）室内
图片来源：http://www.hollywoodandhighland.com/entertainment/the-kodak-theatre.

落成，包括：39500 平方米零售空间、16730 平方米剧场空间（即杜比剧院）、3700 平方米宴会厅，并在 2001 年秋季开始独立的开发酒店①（图 6-7）。该项目从赞助冠名权、广告和重要事件几方面入手增加项目收入。尤其是杜比剧院作为奥斯卡奖（Academy Awards）的颁奖地，提升了整体区域的知名度。其中，杜比剧院可以容纳 3000 余名观众，舞台台口有 36.6 米宽为全美最大。在后台设置了大量的记者室，约可容纳 1500 名记者。除颁奖典礼外，剧场则出租供其他颁奖典礼和演唱会使用。美国知名节目《美国偶像》和《维多利亚的秘密内衣时尚秀》也在此举办（图 6-8）。

6.3　复兴城市历史街区

　　城市历史街区的复兴在西方国家早已受到广泛关注。由于城市产业升级，原有很多工业建筑、仓储库房、码头被废弃，有些商业建筑、演艺建筑也面临着设施陈旧的问题，难以满足日新月异的演出需要。复兴就是以利用为基础，通过各种改造手段，重振一个地区的活力。在既往西方国家城市复兴的策略中多比较重视经济发展。常规的手法是通过大型购物中心这种商业设施的开发带动衰落的城市中心的经济活力。这种方式在 20 世纪中期曾一度获得成功，因此被认为是一种有效的手段，但之后的发展却暴露出许多问题。例如，这种巨大的商业建筑对于城市空间、城市文脉有较大影响，建筑出于商业利益的考虑常常忽视其与城市既有文化风貌之间的关系。另外，由于集中的购物活动需要大量的停车场，这在大城市郊区是适用的，但在城市中心原本用地有限的条件下，却难以满足条件。此外，购物活动有着鲜明的钟摆交通特点，并且在夜晚无法为城市带来持续的人群。

① 开发商 Trizec 对该项目拥有 100% 股权。其中 640 间客房的万丽好莱坞酒店（Renaissance Hollywood Hotel）开始由 Trizec 和万豪（Marriott）以 84% 对 16% 合资建设，到开业时这一股权关系转变为 91% 对 9%（Trizec/Marriott）。帕赛欧科罗拉多（Paseo Colorado）是一个 52500 平方米的零售综合体，由 Trizec 和邮政物业合资开发（Post Properties），2001 年秋季开业。

演艺建筑混合使用不同于单纯的商业性复兴手法，由于演艺活动的介入，使得项目能够为城市营造更多文化氛围。通过多种功能混合使用，在使用时间上形成分流，可以将城市过度集中的交通加以分散，同时，空间上也可以化整为零，将不同功能分散布置在有限的空间内，不至于过分影响城市既有文脉。对于城市历史街区的复兴，常常面临既有功能的变化。演艺建筑混合使用项目应对这些变化也十分灵活。基于演艺建筑混合使用开发的城市复兴可通过以下方式实现：对于既有演艺建筑，可以通过设施改造、升级，使其重新焕发活力、满足当前演出功能需求，同时，通过增加停车、商业等空间与原有演艺建筑相配合，完善服务链条，满足新城市生活的需要。另一种方式常被比喻为"旧瓶装新酒"（王敏，2010）[57-58]。即对于一些有历史意义的建筑，可以在保持部分建筑结构、外观的前提下，植入新的功能。尤其对于历史性工业建筑，往往具有坚固的、大跨度的结构，这十分有利于演艺空间的利用。

6.3.1 修复历史演艺建筑

美国克利夫兰剧院广场的改造为我们提供了有意义的借鉴。通过修复、更新一些具备重要历史意义的剧院，将有助于建立卓越的形象及品质，而这些是激发周边街区复兴的重要手段。

6.3.1.1 历史剧场的衰落

克利夫兰（Cleveland）[①] 的经济活力和人口数量在 20 世纪初迅猛增长。富有的克利夫兰市民资助了新兴文化艺术设施的建设。剧院广场也于这一时期成型，包括：克利夫兰艺术博物馆（1916），克利夫兰管弦乐团（1918），卡拉姆剧院（1915），克利夫兰音乐学校福利团体（1912），克利夫兰剧场（1915）以及州剧院、俄亥俄剧院和宫廷剧院，3 家剧场建筑现今都名列美国国家史迹名录（图 6-9）（斯内德科夫，2008）[282]。剧院广场曾经是流光溢彩的流行娱乐和高级零售商业汇集的中心。两座百货商店博维特 - 特勒和哈利兄弟，加上许多上等阶层的专卖店，一年四季在白昼吸引着人潮，而且使得圣诞节购物之行成为一个大型活动，而剧院、餐馆和晚餐俱乐部每天晚上吸引着精力充沛的顾客（斯内德科夫，2008）[281]。"在 20 世纪 60 年代，克利夫兰的经济因为不断加剧的钢铁和汽车工业竞争而遭受损失。在 70 年代后期，克利夫兰成为经济大萧条以来第一个拖欠借款的城市。"（斯内德科夫，2008）[282]虽然经济衰落，但克利夫兰的表演艺术仍具有较强的实力，并拥有相应的观众群体。然而想要复兴衰落的城市核心区域,简单依靠演艺行业是远远不够的。原剧院广场占据城市优质区位，其周边有着广大的消费人群，十分适合进行

① 克利夫兰(Cleveland)于 1796 年始建，1836 年设市，是美国俄亥俄州最大城市。位于州境北部伊利湖(Erie)南岸，凯霍加河口，是水陆交通要地，重要湖港和工商业城市。重工业是其经济基础，其中钢铁工业最为发达，其他工业部门还有机械制造、冶金、电气设备、石化、纺织、食品等均颇具规模。面积 196.8 平方公里，人口约 52 万，其中黑人占 44%；大市区包括邻近 4 县，面积 3934 平方公里，人口约 190 万。1830 年伊利湖与俄亥俄河间运河开通，1851 年通铁路，工商业迅速兴起。20 世纪 30 年代已成为现代化大城市。

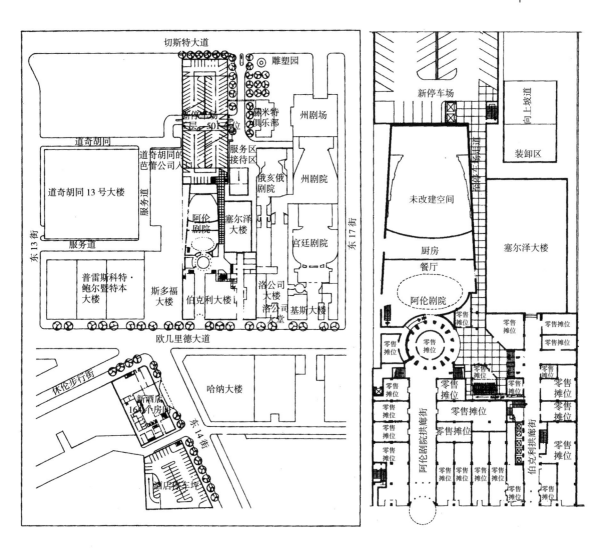

大规模修复和改扩建工作。总体的开发包括了餐饮设施的扩建及与各种商业设施的结合。"整体开发项目包括欧几里得大道和周边数个街区，增加酒店、公寓、零售和餐饮等设施，并且所有设施的车库都彼此相连"（图6-10）（斯内德科夫，2008）[299]。

6.3.1.2 几个主要剧场的改造过程

阿伦剧院（Allen Theatre）于1921年4月1日首演，拥有3080个座席。阿伦剧院最初设计是一座豪华的无声电影院，因此也没有设计后舞台所必需的设施，如更衣间、储藏室等等。通过修缮和改造现已适合上演百老汇剧目和举行音乐会（图6-12）。

预计25家店铺将设立于遗弃剧院的长廊商场和大厅之中，其中有许多面朝一家"口"形的内部购物中心。其特色开放空间将是剧院的圆形大厅（图6-11）（斯内德科夫，2008）[299]。

图6-9 剧院广场总平面图（左）
图片来源：斯内德科夫.2008.文化设施的多用途开发.梁学勇，杨小军，林璐，译.北京：中国建筑工业出版社：283.

图6-10 伯克利大楼零售商业改造（右）
图片来源：同上：299.

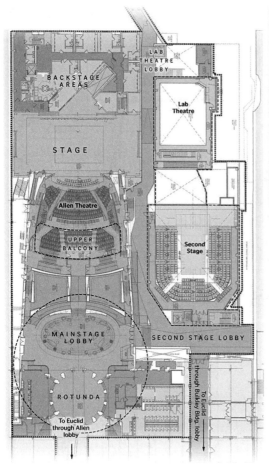

图 6-11 阿伦剧院改
造后的平面图（左）
图片来源：http://www.
cleveland.com/onstage/
index.ssf/2011/09/a_
closer_look_at_the_allen_
the.html.

图 6-12 改造后的阿
伦剧院观众厅（右上）
图片来源：http://www.
playhousesquare.org.

图 6-13 改造后的汉
纳剧院观众厅（右下）
图片来源：http://www.
playhousesquare.org.

　　2010 年 8 月，阿伦剧院再一次关闭，进行更大规模改造。剧院将从原先的 2500 个座席的大容量改造为更具亲密感的空间。观众厅将改造为一部分是 550 座的现代化剧场。原建筑扩建两个新剧场，300 座可变容量的第二舞台和 175 座的实验剧场（Helen Rosenfeld Lewis Bialosky Lab Theatre）。这两个剧场将于 2012 年开放。届时，原来的阿伦剧院将变成拥有多个剧场的综合大楼，为克利夫兰州立大学戏剧和舞蹈学院（Cleveland State University's Department of Theatre and Dance）和其他演出团体服务。

　　汉纳剧院（Hanna Theatre）1921 年 3 月 28 日开幕，原有座位 1397 座。1998 年 8 月剧院广场承担了汉纳剧院的运营管理，并购买了汉纳剧院所在的汉纳办公大楼（Hanna Office Building）。2008 年，汉纳剧院进行翻新，并添加了伸出式舞台，减少观众席到 550 座，并成为剧院广场的驻场剧团——大湖剧院的演出基地（图 6-13）。

　　俄亥俄剧院（Ohio Theatre）最初由托马斯·兰姆设计，1921 年 2 月 14 日开幕。原剧院在装饰上十分奢华，拥有庄严的科林斯柱式和由意大利著名艺术家绘制的 3 幅巨型壁画。然而，这些作品毁于 1964 年的大火。在 1935 年 –1936 年，剧院增建了宴会厅和一个大堂酒吧。1982 年的修复工程由范·戴克和约翰逊合作公司负责，通过改造，俄亥俄剧院拥有 1000 座容量（图 6-14）、"大厅毁于大火的意大利文艺复兴风格装饰最大程度上被保留和恢复，以回忆往昔的模样。顶棚从结构和形式上被恢复并改善了礼堂的视线设计；乐队席包厢增设可移动座位，可为残疾顾客移去或调整。并配置了顶级品质的电脑照明系统。俄亥俄剧院于 1982 年 7 月重新开业，每年 5 个月为大湖莎士比亚节日提供场馆。在剩下的时间里，它成为种族和文化演出、在纽约市戏院区以外的戏院上演的戏剧演出、讲座和室内合奏的社区展示窗口。"（斯内德科夫，2008）[305]（图 6-15）

州剧院（State Theatre）由托马斯·兰姆（Thomas Lamb）设计，是整个剧院广场第一个也是最大的一个剧场。当它 1921 年 2 月 5 日落成时，其观众休息厅是世界上最长的大厅（97.54 米）。大厅内陈设 4 幅美国现代艺术家詹姆斯多尔蒂（James Daugherty）的壁画作品。剧院首先是演出电影和杂耍表演，并吸引了许多著名演出团体。观众厅改造于 1980 年启动，舞台用房的改造开始于 1984 年，改造工程由范·戴克和约翰逊合作公司设计。俄亥俄剧场和州剧院及洛大楼形成一体（图 6-16）。装饰风格延续了壮观的罗马式基调，休息厅两座精美的大理石台阶修葺一新（图 6-17）。通过改造，州剧院拥有了 3200 座容量的观众厅，舞台设施更为庞大和先进，能够承接更大规模的演出，目前主要上演音乐剧如迪士尼的《狮子王》和《歌剧魅影》。

宫廷剧院（Palace Theatre）面积 4361 平方米，开业于 1922 年 11 月 6 日。在当时它是剧院广场几个剧场中最昂贵的，当时建设成本达到 350 万美元。作为 B.F. Keith 杂技团连锁剧场的旗舰店，其店面作为广告用途的宫廷型灯具是当时世界上最大的电气招牌。宫廷剧院奢华的大堂以收藏上百万美元的艺术品以及一块世界上最大的单间编织地毯而闻名（图 6-18）。"1986 年的

图 6-14　俄亥俄剧院改造剖面图（左）
图片来源：斯内德科夫. 2008. 文化设施的多用途开发. 梁学勇，杨小军，林璐，译. 北京：中国建筑工业出版社：306.

图 6-15　俄亥俄剧院观众厅照明设施改造（右）
图片来源：http://www.playhousesquare.org.

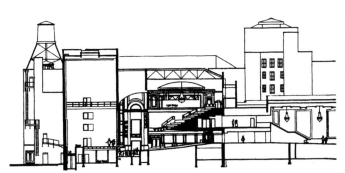

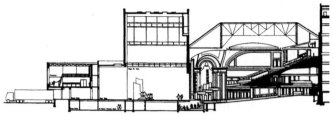

图 6-16　改造后台设施后的州剧院剖面图

图片来源：斯内德科夫 . 2008. 文化设施的多用途开发 . 梁学勇，杨小军，林璐，译 . 北京：中国建筑工业出版社：302.

图 6-17　改造后的州剧院观众厅

图片来源：http://www.playhousesquare.org.

图 6-18　修复后的宫廷剧院大厅

图片来源：http://www.playhousesquare.org.

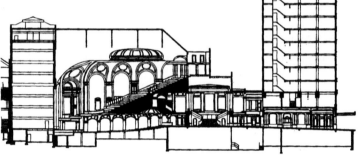

图 6-19　改造后的宫廷剧院剖面图

图片来源：斯内德科夫 . 2008. 文化设施的多用途开发 . 梁学勇，杨小军，林璐，译 . 北京：中国建筑工业出版社：304.

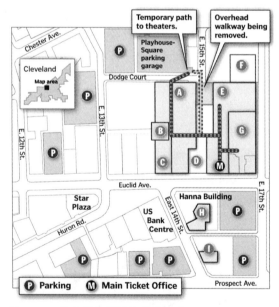

图 6-20　伯克利大楼零售商业改造

图片来源：http://www.playhousesquare.org.

图片说明：A. 阿伦剧场；B. 韦斯特菲尔德剧场；C. 创意中心；D. 伯克利大楼；E. 俄亥俄剧场；F. 州剧场；G. 宫廷剧场；H.14 街剧场；I. 汉纳剧场

修复改造工程由范·戴克和约翰逊合作公司负责。整座剧院分布着 154 盏捷克斯洛伐克枝形吊灯；来自意大利卡拉拉的大理石；所有的步行区都上了灰浆，然后是斯卡基利亚釉面末道漆；来自纽伦堡的帝国青铜扶手安装时已经有 189 年历史。"（斯内德科夫，2008）[297] 宫廷剧院现在成为拥有 2800 席位的严肃艺术剧院（图 6-19）。舞台栅顶高 24.08 米、主舞台宽 22.25 米、台口高 13.11 米，扩建化妆间到 70 间。

今天，克利夫兰文娱区（Playhouse Square Center）是仅次于纽约林肯中心的美国第二大表演艺术中心。表演艺术中心内常年上演各种百老汇音乐剧、歌剧等各种表演活动。"摇滚"一词最早就是从克利夫兰流行起来的。建立于 20 世纪初的卡拉姆剧院（Karamu House）是著名的非裔表演艺术中心。克利夫兰也是多种流行音乐的故乡（图 6-20）。

6.3.2　旧建筑改造为演艺建筑

旧建筑改造可以为原有建筑注入新的活力，做到物尽其用，符合可持续发展的理念。在西方发达国家，出于战争破坏、建设过剩、人口滞涨、产业更替等多方面原因，形成了大量废弃建筑。针对旧建筑改造的研究和实践起步较早，已经取得一定的成果。将其他类型旧建筑改造为观演空间是旧建筑改造诸多方式中的一种。在西方，这种方式有着悠久的历史，积累了丰富的经验。伊丽莎白时期的许多公共剧场是由动物表演场或旅馆庭院改建而成的，私人剧场多是由客厅改建而成的；17、18 世纪多余的网球场经常被改变为剧场；1888 年建的柏林老爱乐音乐厅是由原来的溜冰场改建成的；1919 年建的柏林大话剧院也是从一个马戏场改建而来的，等等。在科技革命的推动下，西方很多城市的产业模式发生变化。原先以工业生产为主导的产业模式正朝着服务业方向转型。将城市中已经不适应现代化城市社会生活的地区作必要的、有计划的改造势在必行。

将旧建筑改造为观演空间，大多数情况下节约资金是首要的出发点。观演建筑属于大空间公共建筑，如果能妥善利用既有建筑结构，在土地使用、土建施工等方面就会节约大量资金。适合改造的建筑包括：教堂、厂房、体育设施等大空间建筑。这类建筑的原有体量与新的观演空间必须较为接近。如果空间中有结构柱或者层高太低，反而会增加建设成本。在既有大空间建筑的基础上进行改造，经常受到原先建筑平面布局的限制。这就需要精心的设计，在原有建筑结构基础上融入新的功能，并设置相关设施。利用旧建筑的另一方面优势在于节约建设时间。由于既有建筑已经创造了完整的空间外壳，省去了基础施工和主体结构施工的时间，整体建设时间被大大缩短。

将观演空间植入废弃建筑，是当前城市更新的一种重要方式。由于观演空间对原有建筑结构的依赖，这种改造方式往往不会对原建筑历史面貌产生破坏。原有城市文脉得以延续，并通过全新的功能改善城市生活品质。旧建筑在改造为观演空间的同时往往与其他功能相结合，以实现更全面的社会服务职能并创造更多经济效益。

瑞士苏黎世的苏尔寿埃舍尔韦斯工业船厂（Sulzer-Escher-Wyss industrial）改造就是一个成功的典范。随着城市产业升级，瑞士苏黎世造船业开始逐步转型，历史悠久的苏尔寿埃舍尔韦斯工业船厂的厂房被废弃。苏黎世政府打算将这一区域以全新的城市功能替换功能性衰败的物质空间，使造船厂成为新的社区中心而重新发展和繁荣。建筑临近一片开放的城市空间，周边有酒店、办公室和住宅。旧有建筑由一系列外墙支撑大跨结构形成的矩形空间组成。澳大利亚奥特纳和奥特纳建筑师事务所（Ortner and

Ortner）将它改造成苏黎世戏剧院剧场（Zurich Schauspielhaus Theatre），
并设置了其他一些艺术和休闲功能。从大厅可以进入电影院、爵士论坛、餐
厅、酒吧以及厕所。大厅也是一个非正式的观演空间，也可以开展社会活动
和会议，其他的空间转变为辅助功能，如餐厅、咖啡馆、商店和商业设施等
（图6-21）。

除了造船大厅的改造，还添加了一个新建筑，直接连接到改造的老建
筑。将以前分散在不同地点的车间、工作室、排练厅、戏剧院的布景车间和
管理办公室集中在一起。新建的住宿空间围绕一个庭院组织，在更上一层设
置了两个私人储藏平台（图6-22）。庭院被用作露天剧场。船厂大厅顶层的
空间包含摄影工作室、设计工作室和电子媒体设施也都与新的庭院相连接。
所有造船厂的开放空间都与室外公共空间相呼应并展示出有活力的形象（图
6-23）。通过这一系列改造和扩建，原先的造船厂现在已经成为社区活动的
中心。

图6-21 苏黎世戏剧
院剧院平面图
图片来源：Ian Appleton.
2008. Buildings for the
Performing Arts: A Design
and Development Guide,
2nd ed. Oxford: Architectural
Press: 91-93.
图片说明：1.剧场；2.旅
馆；3.爵士酒吧；4.衣帽
间；5.大厅；6.扩建部分

图6-22 苏黎世戏
剧院功能体块示意图
（左）
图片来源：同上
图片说明：1.剧院、餐厅、
爵士酒吧、电影院、衣
帽间、洗手间、大堂；2.摄
影工作室、设计工作室、
电子媒体室；3.布景道
具工作室和管理用房

图6-23 苏黎世戏剧
院剧院餐饮空间（右）
图片来源：同上

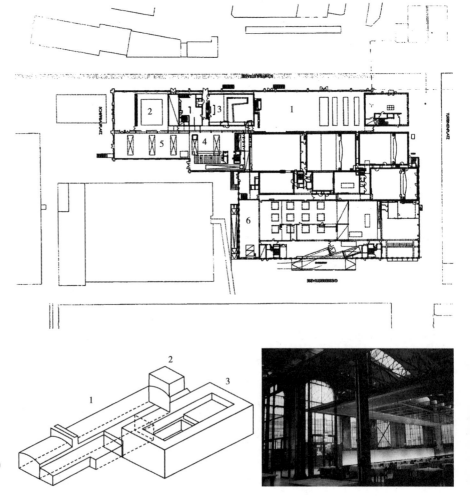

图 6-24　苏黎世戏剧
院剧院观众厅（左）
图片来源：同上

图 6-25　原造船厂厂
房正门（右）
图片来源：同上

　　建筑师对于原建筑的改造保持谨慎的态度，没有做更多一般意义上的室内装修，而是延续着既有结构的规律，将每一种新的功能都安排至指定的空间。通过从主体结构上吊挂的天花板，限定餐饮区域，以尽量保留原先建筑的特征（图 6-24）。在剧场内部也为座席设置了一个独立的结构。为满足声学要求而添加的声反射棚罩也在舞台上空作为布景的一部分从现有结构悬挂下来。原先造船厂厂房正门的主要特征也得以保留，以延续城市文脉（图 6-25）。

6.4　本章小结

　　当今产业转型的背景下，城市之间的竞争从传统的比拼工业实力转变为文化竞争。演艺建筑混合使用项目以其兼具艺术和混合的特点，可以为城市带来多方面的好处。从经济角度来说，表演艺术以其整体性特征成为城市经济发展的"发动机"。良好运作的演出需要多方面工作者的努力，如布景制作、广告制作、设备安装和运输等。同时，表演艺术已经融入人们的社会交往、旅游观光活动中。观众欣赏演出不仅为剧团带来票房收益，在整个过程中，可能还会与商务客户洽谈、与朋友就餐、与情侣购物。一部知名的演出作品，则可能吸引周边地区的人前来欣赏，而这些观众需求更多，如交通、住宿、餐饮等。这就为周边多种产业带来经济效益，为城市增加就业机会并对旅游业产生推动。

　　演艺建筑混合使用项目对改善城市环境、提升城市吸引力也有很大帮助。一方面，优质的演艺设施和知名的演出团体可以提高城市知名度，成为城市"名片"。另一方面，通过混合使用的方式可以通过共享道路、停车、给排水等各种设施提高城市环境效益。同时，由于多种功能的集中，为居民创造便利的步行生活环境，进而降低机动车需求、降低空气污染。并且这种步行环境还可以增进人们交往，为街区营造平等、安全的环境。由于艺术功能的介入，

混合使用项目可以形成 24 小时全时段利用，为街区带来持续活力的同时降低犯罪可能性。

复兴城市历史街区是演艺建筑混合使用项目的另一优势。一些欧洲城市在复兴过程中尝试建设大型购物中心，而最终由于夜晚活力丧失而失败。演艺建筑混合使用项目则可以为历史街区注入全时活力。另外，与历史街区最为契合的是其对城市文脉的延续和提升。城市历史街区承载着昔日的辉煌和美好的生活，通过对历史演艺建筑的修复和功能改造，可以重新唤起人们对往日美好生活的记忆。同时，在旧建筑中植入演艺空间，不仅可以通过新、旧结合使旧建筑焕发生机，还可以达到延续城市文脉、节约建筑成本的目的。

第 7 章

我国演艺建筑演进中的功能混合现象

前文对当代西方演艺建筑混合使用倾向的产生背景和诸多方面的特征做了分析和阐述。本章将目光转向我国。中国传统戏剧演出经过漫长的历史演化，逐渐形成独特的演出方式和审美原则。在艺术表现手段上，中国传统戏剧更注重"写意"，大量采用简单、定型道具和抽象化的脸谱，实现含义的符号化传达，不刻意追求对现实的直观再现。这也直接体现在中国传统的演艺建筑上。相比西方剧场在中世纪之后逐渐形成的宏大的镜框式舞台、严整的观众厅和灯光、舞台机械设施，中国传统剧场舞台显得有些简单，观众厅却更为喧闹。这一差异，在一些近代社会改良人士眼中，是我国表演艺术落后、观众素质低俗的表现。李畅先生对这一差异的解释是："传统社会中国民间艺人社会地位卑微，演出需要流动，为了搬家方便，难以携带写实的布景。"（卢向东，2009）[73] 这种差异也体现在人们观赏演出的态度上。人们家中有婚丧大事会请戏班来渲染氛围；在酒楼、茶园的剧场则更多是为食客助兴，戏台下的人们高谈阔论，顺便听戏。而为了听清彼此的交谈，人们下意识地提高"嗓门"（声压级），声音的覆盖也可能是传统戏曲"高腔"普遍的一个因素。总体来说，人们对中国传统戏剧演出的需要更多是出于人际交往之中的助兴，而对表演艺术缺乏足够高的尊重。可能正是由于这种生活习惯，中国传统演艺空间长期是作为其他建筑功能的附属而存在。

7.1 传统剧场的功能混合现象

7.1.1 祭祀与演艺的结合

对于中国戏剧的诞生，有一种较为普遍的观点是认为源于农业文明的神灵祭祀活动。通过对共同信仰举行的仪式，可以增加人群的凝聚力。祭祀活动经过漫长的演化，形成以神庙为中心的集会活动。为了表达对神灵的敬畏，人们通常将丰盛的食物、精彩的歌舞呈现在神灵面前。正是出于演出在祭祀活动中的重要作用，使得演出空间与神庙得以结合。

7.1.1.1 神庙剧场

① 关于中国的神庙剧场，在车文明、廖奔、薛林平等学者的著作中都有广泛论述。一般认为，中国的神庙剧场存在于民间化、世俗化的古代宗教以及佛、道寺观，而皇家或地方官府坛庙以及正统、高级别的佛教寺院、道教宫观是不设戏台的。

神庙剧场是指在神庙里建立的包括戏台和观剧场地的场所。这种现象在中外剧场发展过程中是普遍存在的，如前文论及的古希腊酒神剧场，古巴比伦和美索不达米亚也大多在祭祀场所中举行歌舞、戏剧活动，类似的还有日本镰仓室町时期的"能"和"狂言"演出，最初也是在神庙中进行。由于中国古代庙宇的普及，神庙剧场也十分兴盛。与西方剧场逐渐走向独立不同，中国的神庙剧场自宋、元以来始终是一种固定的类型，即使在后来商业化的茶园剧场、酒楼剧场出现后，也一直遍及广大城乡。①

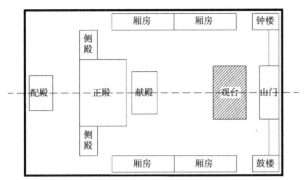

图 7-1　中国神庙剧场布局示意图
图片来源：笔者根据车文明《中国神庙剧场》一书中相关图片和描述绘制

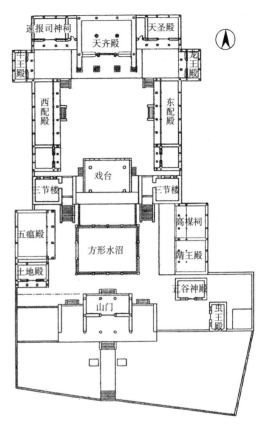

图 7-2　泽州县冶底村东岳庙剧场平面图
图片来源：国家文物局. 2006. 中国文物地图集：山西分册（上册）. 北京：中国地图出版社：443.

图 7-3　神庙剧场观戏情景
图片来源：廖奔. 1997. 中国古代剧场史. 郑州：中州古籍出版社，附图 41.

　　唐宋以后，中国神庙建筑在吸纳了神庙剧场的基础上，逐步形成了固定格局："一个完整的神庙包括山门、钟鼓楼、戏台、献台（献殿）、正殿、配殿和东西廊房等，以此序列展开，各建筑有一定的形制，周围再以围墙环绕，形成一个独立的内向型封闭空间。"（车文明，2005）[9]（图 7-1）

　　到明清时期，神庙剧场已经成为神庙格局中固定的一部分元素。通常由戏台及东西配殿形成独立的一进院落。清代的神庙剧场愈加重视观众空间，通常将戏台两侧厢楼用作观众席，部分观众可以在两侧的二层楼上观赏演出，这一特征与前文提到的西班牙庭院剧场有相似之处。中国传统的神庙剧场既是民众精神中心，也是村落社会的娱乐、社交中心。当然它也是地方上唯一的文化活动空间，建筑物本身就是由多种艺术形式组合而成：书法、绘画、雕刻等等。神庙剧场是各种民俗表演的场所，是庙会文化不可或缺的一部分。神庙剧场同时也是教化的场所，具有重要的文化濡染作用，尤其在识字率低的社会中，一直作为一个重要的话语场所而存在。识字的人可以欣赏剧本，不识字的人可以观看演出。因此，神庙剧场在传统社会中扮演着多重身份，实际上满足了人们信仰、教育、文化、艺术、休闲以及社会交往等各方面需求。可以说神庙功能的全面性和重要性甚至超过现在的社区中心（图 7-3）。

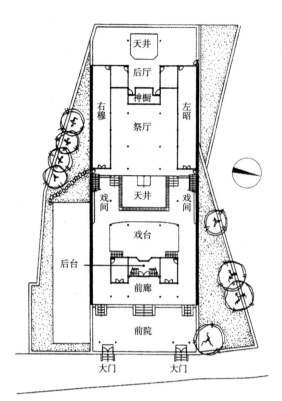

天井
后厅
神橱
右穆 　左昭
祭厅
戏间　天井　戏间
戏台
后台
前廊
前院
大门　大门

图7-4　福建福安市楼下村刘氏宗祠一层平面图
图片来源：李秋香主编，陈志华撰.2006.宗祠.北京：生活·读书·新知三联书店，188.

① 在唐朝，《唐六典》卷20《太府寺》记载："凡市以日午击鼓三百声而众以会，日入前七刻击钲三百声而众以散。"昼市时间大概相当于现在时间的12点开始营业，太阳快落山休市。而夜市则是在坊、市宵禁后才开始，《唐会要》卷86《市》记载："开成五年十二月敕：京夜市，宜令禁断。"可见范围仅局限于坊、市内部，并规定"诸非州县之所，不得置市"。

7.1.1.2　祠堂剧场

中国人除了敬奉神明，对于祖先的崇拜也有悠久的历史文化背景。中国传统的宗族观念使得祠堂成为宗族成员间议事、联谊、强化团体的中心，同时也是举行婚丧等大事的礼仪中心。祠堂演剧不仅可以娱乐族人，也可以通过供奉共同的祖先，起到提升族人荣誉感、教化族人、惩戒劣行的作用。明末至民国时期，祠堂演剧非常普遍，祠堂中也大量修建剧场。

祠堂剧场的建筑格局往往受到祠堂建筑整体格局的限制。"祠堂建筑的基本格局是"前堂后寝"，模仿祖先生前住宅的格局。建筑坐北朝南，中轴线上从前到后依次是门厅、戏台、下堂、上堂等。祠堂门厅和戏台的位置关系大致可以分为两种：一种是戏台设置在门厅的明间内；另一种是戏台向内突出于门厅，伸向庭院内。其中后者在祠堂剧场中更为多见。戏台伸出与庭院，被门厅、正厅、两侧看楼包围，中间为天井，形成庭院式的剧场。天井在演戏之时承担观众区的功能，一般天井和正厅前檐下为男子观戏场所，正厅的前檐柱之后则为妇女观戏场所"（薛林平，2009）[278]（图7-4）。

7.1.2　商业与演艺的结合

中国传统社会中的城市是文人群体相对集中的地方。文人文化也自然成为城市文化品位的代表。戏剧家主要集中在城市，活跃在城市文化舞台上。因此，文人文化是城市文化与戏剧关系最为密切的部分之一。尤其是唐宋以来的文学传统被戏剧家带入戏剧文学中，改造了戏剧，提升了戏剧的文化品位，完成了戏剧的艺术化过程，使之成为雅俗共赏的艺术。从戏剧的生存状态看，文人的参与使戏剧走入了"大雅之堂"，即戏剧不仅走入堂会、神庙，而且还走进了宫廷。宫廷文化对戏剧有一定消极影响，但也有助于戏剧社会地位的提高。城市戏剧逐渐与乡村戏剧脱离，形成自己的发展路线。

7.1.2.1　商业性演出场所的形成

宋之前的坊市制，在中国历史上存在3千年之久。它创设了一个法治的城市商业空间，实现了对居民区和商业区的严格隔离，并对"市"进行官设官管，施加控制。① 在这种没有市民社会和正常商业活动的条件下，演艺建筑的发展更无从谈起。到了宋代，随着城市商业经济的繁荣，市民阶层的壮大，特别是坊市制的废除以及宵禁的解除，为商业化演出创造了条件。另外，宋朝统治者为防止重臣兵变而极力鼓励他们沉迷酒色。这种社会风气促进了歌舞、杂剧、说唱等伎艺的发展。中国戏剧在其发展到了成熟阶段并进入商业市场以后，对演出场地提出了专门化的要求，逐渐形成正式的商业剧场建筑——瓦舍勾栏[①]（杨宽，1993）。南宋时的临安，最初并没有瓦舍勾栏。在大量北方军士到了临安以后，才修建瓦舍勾栏（图7-5）。元代随着北杂剧的流行将中国戏曲业推向一个新的高度，瓦舍勾栏也得到极大发展。

7.1.2.2　酒楼、茶园剧场

酒楼剧场和茶院剧场是餐饮功能与演出功能结合的典型实例。二者的发生发展有着密切的关系，酒楼作为正式演出场所要早于茶园，兴盛于宋元，而清以后茶园剧场的设立则深受酒楼剧场的影响。宋元时期演戏有专门的场所勾栏，普通民众看戏都到勾栏里去。明初由于政治文化环境的变化，演出活动一度消沉。朱元璋为了维护尚不稳定的权力，竭力加强思想控制和文化专制，实行极为严格的文化政策。明中期以后，为市民娱乐的勾栏演出逐渐势弱。而庙宇剧场作为统治者的思想控制工具得到较大发展。明代中期，勾栏绝迹后，酒楼剧场承而代之。"酒楼剧场中间设置一个戏台，戏台的四面都环绕以酒楼，客人一边饮酒，一边看戏。其演出目的也只是为了助饮而不是为了看演出。所以建筑的重点部位在于酒楼而不是戏台。但是，这种众楼围绕戏台而建，把戏台包在中心的建筑形式，已经接近后来的正式剧场形制；和酒楼演戏性质类似的是客店演出。就是在客店内设有演习场所，每当店里顾客较多时，就请演员来演出。"（廖奔，1997）[78]

酒楼剧场向茶园剧场的转变，一方面在于观演环境。酒楼剧场的客人往往由于饮酒过量而闹事，大打出手的情况时有发生，环境十分混乱（图7-6）。因此，清代前期开始，人们逐渐喜欢在茶园这种安静的地方观赏演出。另一方面，这种转变是在朝廷约束下的一种变通的方式。清代宫廷由于担心旗人观剧娱乐而腐朽堕落，极力禁止八旗当差人员进戏园看戏。由于朝廷的限制，

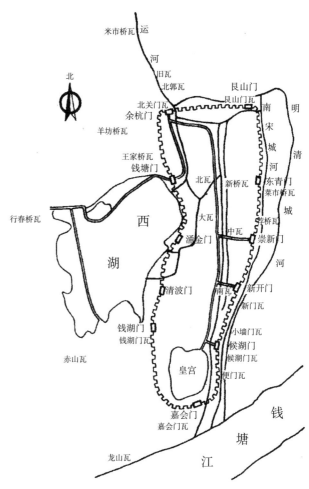

图7-5　南宋临安瓦舍分布图

图片来源：中国戏曲志编委会. 1997. 中国戏曲志－浙江卷. 北京：中国ISBN中心：612.

① 宋元时期瓦舍勾栏是重要的综合性演艺场所。"瓦舍"原是临时的集市的意思。因为这种集市常以演戏的"勾栏"为中心，习惯上也把以"勾栏"为中心的集市称为"瓦子或瓦市"。

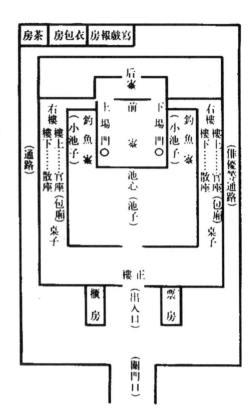

图 7-6　上海福合园宴客演戏时斗殴图（左）
图片来源：廖奔.1997.中国古代剧场史.郑州：中州古籍出版社,（05），
附图 23.

图 7-7　清末茶园平面示意图（右）
图片来源：(日)青木正儿.2010.中国近世戏曲史.王古鲁译著.蔡毅校订.
上海：中华书局.

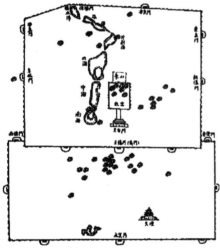

当时许多戏园只好取名茶园。因此，茶园成为清代城市主要的商业性演出场所。观众可以一边看戏一边饮茶，虽然只收取茶资而不售戏票，但其功能已经转变为以演出为主了。茶园建筑为一矩形大厅，其中一侧设有戏台。大厅周围是两层茶座，中央留出空场（图7-7）。清代茶园因为朝廷屡屡设置禁令，不许在内城开设戏园，因此一般都建在外城（图7-8）。

茶园剧场最大的进步在于观众空间的改善。由于戏台和观众座席都置于室内，降低了演出时外界气候的干扰。另外，在观众座席不同区域已经形成了"官座"、"散座"这样的等级划分，并有不同收费，可见当时已初步具备了经营意识（图7-9）。

图 7-8　清代北京城剧场分布图（上）
图片来源：李畅.1998.清末以来的北京剧场.北京：燕山出版社：图一.

图 7-9　上海丹桂园茶园（清末）（下）
图片来源：廖奔.1997.中国古代剧场史.郑州：中州古籍出版社,（05）：
附图 26.

7.1.2.3 会馆剧场

明代中期以后，随着我国商业贸易发展和人口流动性增加，一些城市中出现了会馆建筑。会馆建筑是一类多种功能混合的综合体，较多聚集在京城或者商业发达的城市。

会馆主要分为两类。一类会馆倾向于同乡联谊功能。这种会馆主要为进京等待科举考试的举子和各种地方来京述职、办公事的官吏服务。由于当时住宿、餐饮条件有限，已在京供职的外省官员、士绅就捐款建设本省（周、县）的会馆，不仅便于联络同乡情谊，也能在食宿上有所照顾。通过这种联谊还可以加强自身在当地的影响力。为了满足这些需求，会馆首先要有多间房舍以供居住，其次是有能力的大会馆往往建造或大或小的戏台，以便演剧及公益活动的进行。（李畅，1998）[54]

另一类会馆是行会组织建立的，主要为了促进同行联系、维护行业利益并解决行业内纠纷。如正乙祠是浙江银钱业会馆，山右会馆是山西油商旅京同行的会馆等等。这类会馆兼具庙宇功能，内部常供奉关帝、财神或本行业的神灵，用于同乡、同行敬神祈福。有的会馆则直接由庙宇改建而来，所以才有人以"祠"、"庙"相称。因此，与神庙类似，这类会馆中也搭建戏台，一方面出于供奉神灵，一方面也通过本乡的演出来联络感情。会馆内戏台按旧制坐西朝东，其形制与一般商业剧场也相似。有的会馆戏台搭建在室内，与茶园剧场类似（图7-10）；有的在室外，更接近于常规的神庙剧场（图7-11）。

7.1.3 传统剧场功能混合现象的消解

中国传统剧场和中国传统建筑一样，在漫长的历史时期中不断自我进化，却与外界缺少交流。鸦片战争以后，西方文化随坚船利炮一起涌入中国。西方现代剧场先进的演出设施和优越的观赏条件是中国传统剧场较为欠缺的。在这一背景下，由商界、戏曲界名流引导的剧场改良运动开始兴起。

1867年，上海的英国侨民建起了一座对中国有重要影响的现代化剧

图7-10 北京琉璃厂安徽会馆剧场剖面图（左）
图片来源：廖奔 . 1997. 中国古代剧场史 . 郑州：中州古籍出版社，（05）：附图60.

图7-11 苏州市全晋会馆剧场（右）
图片来源：廖奔 . 1997. 中国古代剧场史 . 郑州：中州古籍出版社，（05）：附图59.

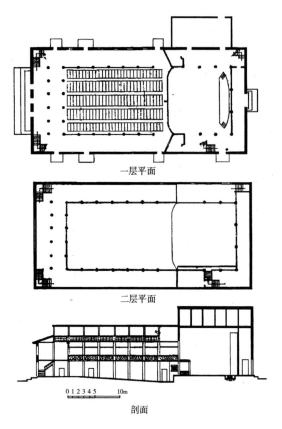

一层平面

二层平面

0 1 2 3 4 5   10m

剖面

图 7-12　易俗剧社
剧场
图片来源：清华大学土
木建筑系剧院建筑设计
组.1960.中国会堂剧场
建筑.（12）.

① 1867年建成，由
外侨经营，供自己的
A.D.C业余剧团上演
西方戏剧用，上演剧
目多为世界名作。

② 通鉴戏剧学校由
王钟声、马相伯、沈
仲礼于1907年创办，
是上海首家话剧学
校。学校的实际主持
人为王钟声，出资人
主要是上海钱庄业董
事沈仲礼。

场——兰心剧场①。该剧场拥有宽大的镜框式舞台，采用煤气灯照明。观众厅基于声学原理设计，采用行列式座席，除池座外另有两层楼座。1907年9月上海通鉴戏剧学校②借用兰心剧场演出《黑奴吁天录》，虽然演出没有成功，但让更多的中国观众领略到现代剧场的魅力：观众厅有优美的声学效果、严整的座席秩序、炫目的灯光布景等。与西方剧场相比，我国传统剧场座席摆放较为随意，观众空间拥挤混乱，照明、通风等设备落后。一些改革派更认为中国传统剧场充满污秽："跑堂穿梭之间，往来端茶送水；小贩拥前挤后，兜售零食小吃；洒香水的热毛巾把子在头顶上抛来甩去，吆喝声、招呼声此起彼伏；台上演、台下吵；乌烟瘴气，嘈杂不堪"（张自强，1994）。这些都被看作是旧戏园的陈规陋习。在这一影响下，一些传统戏园也开始对西方现代剧场的硬件设施和经营管理加以模仿。例如将旧戏台前两根角柱去掉模仿镜框式舞台改造；加装新式灯具、布景；观众席摈弃自由的茶桌，改为行列式并对号入座；废除泡茶、飞毛巾等旧俗。一时间，以上海为先，在全国范围内新建和改造的传统戏院都纷纷开始模仿现代剧场。

中国传统剧场有着强烈的伦理教化功能。不仅体现在戏曲内容的文化濡染，还体现在前文所述剧场空间的社会行为规训。本着教化民众的目标，一些社会精英尝试将建设新式剧场来作为引领文化转变的手段。1912年山西同盟会会员联合社会各界知名人士在西安创办的演出团体——西安易俗社，以及于1915年修建的易俗社剧场就是典型代表（图7-12）。在我国对西方现代演艺建筑的模仿过程中，新的空间、先进的设备无疑为观众带来更好的欣赏体验和行为习惯。但是，在传统空间消失的同时，原有的观演关系和社会风俗也土崩瓦解。旧有的多功能混合现象也逐渐淡出历史舞台，被一座座崭新的现代化的、完全针对演出服务的剧场取代。

7.2　新中国成立初期的综合性文化设施

新中国成立后，我国的剧场发展进入了一个新的时期，剧场的发展环境有了很大的改变。经济制度方面，我国开始社会主义改造，通过国营、公私合营等方式，使得清末以来形成的商业性剧场逐渐消失。至 50 年代中后期，国营剧场逐渐占据绝大部分。在文艺政策方面，文艺仍然被看做重要的宣传工具，演员的地位提高，因此剧场建筑在城市中的重要性也进一步提高。

7.2.1　礼堂、俱乐部中的剧场

新中国早期剧场建设以改建和扩建旧有的剧场为主。一些新建剧场主要以工人文化宫、俱乐部的形式出现，其中剧场兼做会堂使用。文化宫、俱乐部属于多种功能混合的综合性文化建筑，除了作为主体功能的剧场外，常包括图书阅览、棋牌娱乐、舞蹈练习等设施。在"为人民服务"的总思想下，传统剧场为追求商业利益而牺牲演出环境质量的做法是不符合新时代要求的。

这一时期较为典型的礼堂是 1950 年建设的重庆人民大礼堂，建筑形式模仿了天坛。在功能上，不仅有 4330 座的大礼堂，还附建了招待所（图 7-13）。另外，哈尔滨农学院礼堂（今黑龙江省中医药大学礼堂，图 7-14）于 1952 年建成，由南斯拉夫建筑师巴基斯设计（卢向东，2009）[64]。礼堂与教学主楼结合成为一体，从建筑功能模式和建筑形式上，明显借鉴了苏联大学主楼的设计思路，即将多种功能如礼堂、办公室、教室、实验室甚至宿舍都集中在一座建筑中。

图 7-13　重庆人民大礼堂（左）
图片来源：同上

图 7-14　哈尔滨农学院礼堂（右）
图片来源：同上

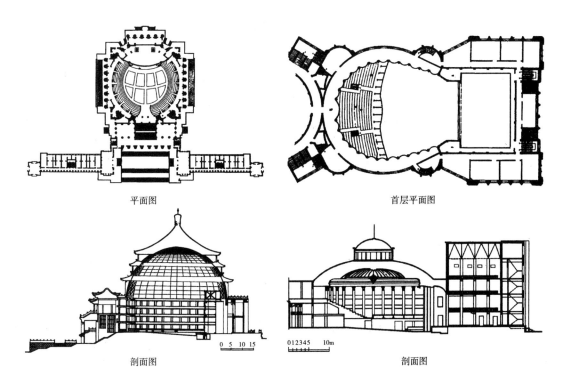

平面图　　　　　　　　　　　　　　首层平面图

剖面图　　　　　　　　　　　　　　剖面图

7.2.2 展览建筑中的剧场

　　另外一种结合的方式，是将剧场置于展馆建筑中。展馆不仅可以展示各种实物成果，还可以直观地展示艺术。1954 年建成的北京展览馆就采用了这种方式。[①] 新中国成立初期，我国与同是社会主义的苏联关系密切。北京展览馆的建设目的，就是用来展览苏联较为先进的工业、农业产品，并介绍苏联在文化、艺术方面的成就。在建设过程中还得到苏联政府派来的建筑工程人员协助。[②] 建筑形式主体上采用俄罗斯风格，局部采用中国传统建筑语汇。建筑平面采用中轴对称的方式，以中央尖顶为核心，纵、横轴线分别与建于辽代的天宁寺塔和西直门城楼相对应（图 7-15）。展览馆剧场位于整体建筑南北中轴线北端，拥有 2700 余座容量，能够满足交响乐、芭蕾舞、大型歌舞演出和大型会议等使用要求。建成以来已经接待过世界范围内多家著名演出团体。北京展览馆不仅拥有

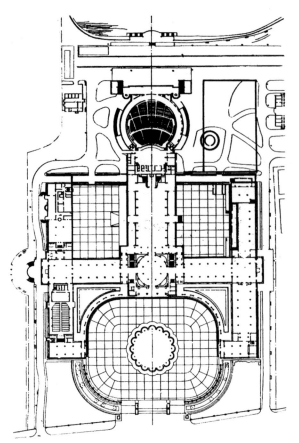

图 7-15　北京展览馆一层平面图

图片来源：北京市建筑设计志编纂委员会.1994.北京建筑志设计资料汇编.

展览、演艺功能，还能提供很多相关服务，包括酒店、餐厅、旅行社等设施，形成集展览、住宿、观演、餐饮等功能于一体的建筑综合体。

　　建于 1959 年的民族文化宫也是多种功能混合的文化综合体建筑。作为国庆十大工程之一，民族文化宫的建设主要出于提高我国多民族凝聚力，促进各民族之间交流，展示各民族历史文化等目的。[③] 民族文化宫总建筑面积 3 万余平方米，主要功能由以下几部分组成：博物馆和图书馆、多功能剧场、休闲活动室（包括棋牌、台球、舞蹈等）大型宴会厅、舞厅、招待所及其附属设施（图 7-16）。

7.2.3 会堂建筑中的剧场

　　由于会堂与剧场在功能特征、空间特征等方面较为相似。所以，在民国时期的很多综合性会议建筑中，就有将多功能剧场作为会堂使用的先例。新中国成立以后，也建设了许多这种具备剧场特征的会堂建筑。

　　清末时期，在改革派的倡议下准备清政府准备实行君主立宪。在 1909 年，清政府邀请德国建筑师罗克格（Curt Rothkegel）仿照德国议会大厦来设计"资政院"。这一建筑由于清政府的垮台最终没有实施。1913 年，民国政府又

[①] 北京展览馆建于 1954 年，是北京第一座大型、综合性展览馆，位于西直门外展览路北侧，由戴念慈、毛梓尧等主持设计，总占地面积 13.20 公顷，建筑面积 23188 平方米，其中主馆建筑面积 12711 平方米。

[②] 苏联政府派来建筑师安得列夫和吉丝洛娃、结构工程师郭赫曼参加了设计工作。

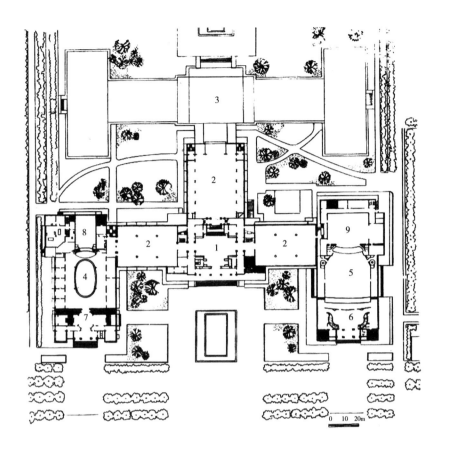

（接上页）
③ 民族文化宫的建设源于毛泽东主席的一个设想。1951年毛泽东在中央政治局会议上提出"我国是个多民族国家，新中国成立后，每年都有许多少数民族同胞到首都北京参观访问。建一座民族文化宫，不但可以作为各民族大团结的象征，而且还可以作为少数民族同胞的活动中心。"

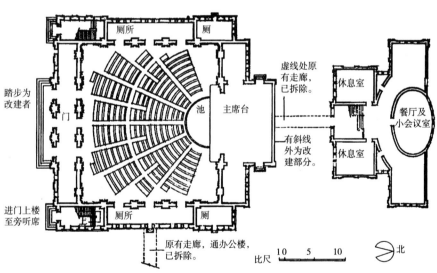

图7-16　民族文化宫一层平面图（上）
图片来源：北京市建筑设计志编纂委员会.1994.北京建筑志设计资料汇编.非公开出版：282.
图片说明：1.中央大厅；2.展览厅；3.将来扩建部分；4.舞厅；5.观众厅；6.大厅；7.门厅；8.茶座；9.舞台

图7-17　北京民国政府国会议场（下）
图片来源：卢向东.2009.中国现代剧场的演进——从大舞台到大剧院.北京：中国建筑工业出版社：67.

邀请罗克格来设计国会议场，通过扩大了主席台面积形成舞台空间。这成为会堂的剧场化倾向的开端。（卢向东，2009）[66]（图7-17）其后的一些设计，这种特征也非常明显。例如1931年建成的广州中山纪念堂、1935年建成的南京国民大会堂。

1935年建成的南京国民大会堂（图7-18）不仅拥有宽敞、高大的舞台及后台，还有乐池、休息室及其他辅助房间。舞台台口高9米，宽12.4米，深20米，宽30米，有5层天桥。侧台宽20米，深10米。乐池宽5.1米，长14米。可以说这个大会堂几乎完全是作为剧场来设计的。

国民大会堂观众厅规模较大，有两层观众席，能够容纳3600人。但是由于当时声学设计的落后，过大的挑台形成声学遮挡，因此池座后排声学条件不理想（图7-19）。

新中国成立以后各地兴建的大会堂也延续了这一特征。其中最具代表性的无疑是北京人民大会堂。人民大会堂主体功能由万人大会堂、宴会厅、全国人大常委会办公楼三部分组成，中央大厅作为交通枢纽连接各部分。其中万人大会堂是整个会议综合体的核心厅堂，其空间和功能与常规的剧场建筑十分相似。例如：拥有较为完善的舞台机械、采用镜框式台口设计，并带有能容纳70人乐队的乐池。

万人大会堂始终兼具会议和演出两种用途。从南京国民大会堂到北京人民大会堂，这种会堂与剧场融合的方式事实上有着政治上的考虑，即通过表演艺术的宣传和教化功能为政治活动服务。也正是在这一思想下，中国之后的演艺建筑逐渐脱离了商业性、世俗性，成为舆论宣传的阵地（图7-20）。

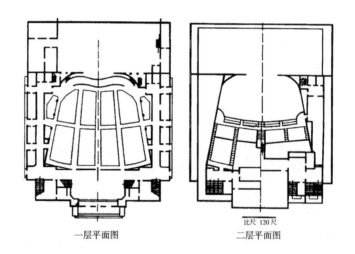

图 7-18　南京国民大
会堂
图片来源：同上：69.

一层平面图　　　　　二层平面图

比尺 120尺

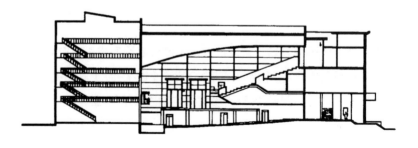

图 7-19　南京国民大
会堂剖面图
图片来源：同上

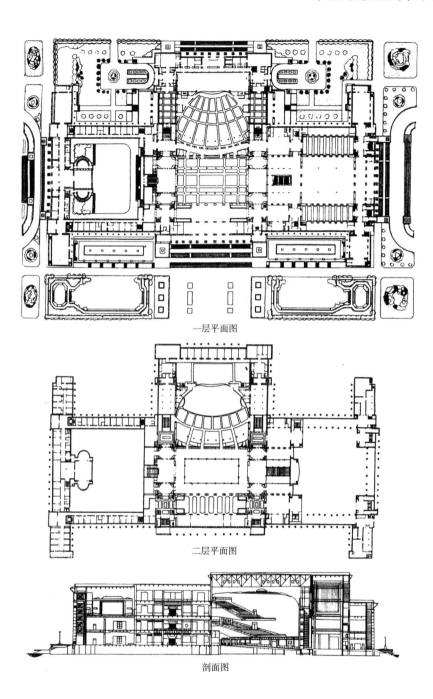

图 7-20 人民大会堂
图片来源：北京市建筑
设计志编纂委员会. 1994.
北京建筑志设计资料汇
编. 7-8.

一层平面图

二层平面图

剖面图

7.3 市场经济以来演艺建筑混合使用开发概况

改革开放为剧场商业化、娱乐化倾向的形成奠定了市场基础。第一个将
剧场与商业建筑结合的尝试是北京保利剧场。该剧场于 1984 年立项、1991
年落成，功能主体由保利剧场和保利大厦酒店组成，隶属中国保利集团公司、
保利文化艺术有限公司。该建筑的落成是我国文化设施与商业建筑结合互补

的一次尝试，标志着剧场向大众化、商业化的回归，是剧场建设模式的一大进步。20 世纪 90 年代末以来的剧场建设热潮为我国演艺建筑混合使用建设模式的实践提供了契机。近年来有了一些实践，成功与否还需要时间的检验。由于案例有限并且开发特征、目的与西方发达国家较为不同，因此下文在分类上采用倾向功能的描述。

7.3.1 文化、商业设施混合开发

在"大剧院"热潮中，一些城市并没有完全采用演艺中心的建设模式，出于扩充文化设施的需要，采用了混合使用开发的模式。较为典型的案例有：保罗·安德鲁设计的苏州科技文化艺术中心（后更名为苏州文化艺术中心）、项秉仁先生设计的宁波文化广场、王亦民先生设计的西湖文化广场（剧场暂时空置）以及深圳保利文化广场等。

7.3.1.1 西湖文化广场

（1）项目概况

杭州西湖文化广场位于杭州市区中轴线与京杭运河交汇处，东临中山北路，北面为住宅区，西、南两面为运河。该地段原址是杭州炼油厂和一些商业建筑。随着近些年城市的发展，工厂已经搬迁，该用地被新建住宅包围，逐渐形成新的城市中心。西湖文化广场总用地面积约 13 公顷，总建筑面积为 37.27 万平方米，其中地上建筑面积 21.978 万平方米，地下建筑面积 15.292 万平方米，容积率 1.694，建筑主体高度 170 米，建筑主体和裙楼占地 3.5 公顷。西湖文化广场 2000 年开始设计，2002 年开工，2008 年竣工。在总体规划上，建筑形体与运河走向呈环抱式，由东向西分为 5 大功能区块（图 7-21），详细功能及面积构成见表 7-1。

图 7-21 西湖文化广场主要功能分区示意图

图片来源：王亦民

浙江省杭州市西湖文化广场功能构成　　　表7-1

功能性质	分区名称	主管部门	规模	内容
文化、艺术性主导	A区：浙江省科技馆	浙江省科协	3万平方米	主展厅
				30米直径的球幕电影厅
				餐饮服务设施
				科技活动实验室
				学术、会议及办公室
	B区：浙江省自然博物馆	浙江省文化厅	2.1万平方米	主展厅
				生物展厅
				报告厅
				展品库房和制作间
	C区：演艺区块	浙江省文化厅	4.1万平方米	电影城
				多功能主剧场
				传统剧场
				儿童剧场
				黑匣子剧场
				国际文化艺术交流中心
				文化商场
营利性主导	D区：商务大楼	开发商	11.6万平方米	一至五层为商场
				六层为会议中心
				七至四十一层为办公楼
				顶层观光厅
	E区：展示区块	多业主	2.17万平方米	浙江省博物馆分馆
				杭州西泠印社总部
				杭州书画院
				报社
	中心广场地下	政府统一招商	4.7万平方米	商业设施
				休闲设施
其他	辅助用房		1600停车位	地下停车场
				设备用房

资料来源：根据笔者对王亦民先生的访谈整理

（2）政府与开发商的合作关系

西湖文化广场建设由浙江省人民政府主导，拟投资4亿。政府首先找来开发商，允许开发商在区内建设9万多平方米写字楼和4万余平方米商场，作为日后经营回报之用。将产生盈利后的滚动资金再投给政府开发文化设施，进行后续开发。最初的计划是开发商建成商业开发内容后，就不再管理项目，拟再出十几亿资金用于接下来的文化功能开发，并由政府成立的工程指挥部负责整体协调。后续内容由政府部门管理，确定功能和规模大小。浙江省政府负责协调各个主管单位间功能关系、面积、位置。

（3）存在的问题

①招商问题

混合使用开发中管理和招商操作上的难度最终使得该项目留有一些遗憾。一方面，地下广场不够成功，部分空间处于闲置状态。另一方面，项目中包含的演艺设施，由于产权所有方对其运营特征认识的不足使得大剧院建成"毛坯房"。及至大剧院土建施工结束，浙江省文化厅一直没有找到合适的承包商，没有演出团体来使用。这就造成具体功能定位、舞台机械、灯光、音响、室内装修等都没办法继续进行。

②项目缺乏更为严谨的策划、论证

西湖文化广场从 2000 年开始设计到 2008 年竣工过程中，设计任务书要求经过了多次修改。项目发起方在不同时期对方案功能、面积要求有一些变化。有些调整具有随意性，较为欠缺严谨科学的论证。在西湖文化广场的设计过程中，在方案中标之后到初步设计前的半年时间内，进行了多次调整。

西湖文化广场各个主要功能隶属于不同的业主，项目整体呈现出多业主特征，而每个业主都会为自己的利益提出修改意见。在 2001 年初步设计前期的一版图纸中，主要的两个楼层平面图（图 7-22）中可见电影城、音乐厅、古戏台小剧场和主剧场。原来博物馆的位置全部是剧场空间，后来各个部门利益平衡之后，增加了科技馆、自然博物馆等等功能，就压缩了演艺城，形成了现在的局面。在剧场设计过程中，随着主管部门对国内外各方面建成案例的逐渐了解，会形成很多变化不定的判断，但整体上缺乏更为严谨的科学论证。该有什么机构出具相关市场、策划研究论证？涉及哪些数据？应该如何评价是当前问题所在。

③项目开发的价值取向

由于现在的开发商的财力更加雄厚，开发模式也有了变化。以前通常是拿到一块地，快速建一些住宅，马上卖掉，回笼资金，再投资建设。现在开发商在更强大财力的支持下，能够在更广的范围和更长的建设周期中通盘考虑。例如先建设大剧院等文化设施，提升环境质量，提高设施周边地价，然后再卖掉周边的土地或者房产，这样可以取得更高的回报。杭州大剧院就是这样一种开发思路。在筹备过程中，开发商就先进行文化设施的前期介入，以营造良好环境，提升土地价值。可见对于演艺建筑的价值评估也不能局限在单纯的票房收入，有的剧场经营的很红火，当做正面典型。演艺建筑的经济价值评价也不应该仅仅以其经济收入为衡量标准。

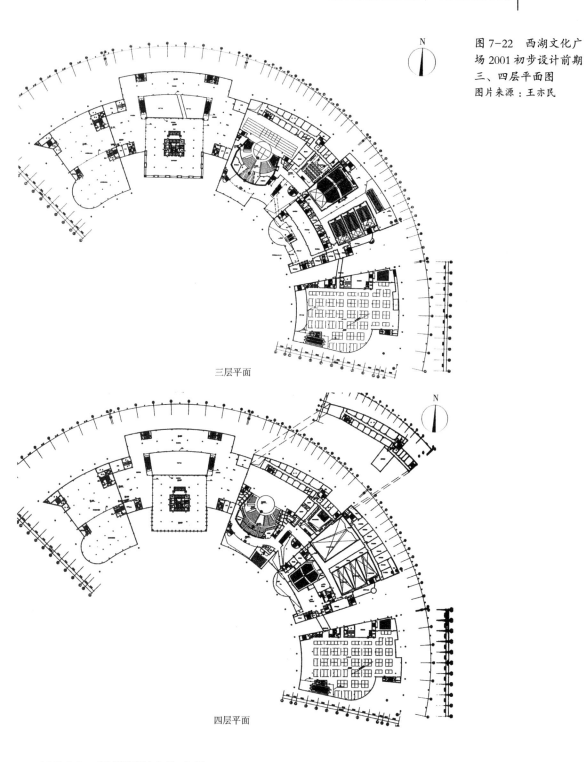

三层平面

四层平面

图 7-22　西湖文化广场 2001 初步设计前期三、四层平面图
图片来源：王亦民

7.3.1.2　深圳保利文化广场

保利文化广场位于深圳市南山商业文化中心区。该区域是深圳市文化功能的重点区域，强调文化设施与商业设施相结合的建设思路。南山商业文化中心区位于南山区的中部，占地面积 135 万平方米，临近滨海大道，交通十分便利，

是集商务办公、商业、文化、居住等多功能于一体的现代服务业中心（图 7-23）。

保利文化广场由深圳市保利文化广场有限公司开发，占地面积 5.4 万平方米，建筑面积近 15 万平方米，是深圳首个以"文化营销"为主导，集文化、娱乐、百货、超市、餐饮、酒吧等业态于一体的大型混合使用开发项目（图 7-24）。其主要功能分区包括：

A 区：餐饮酒吧区，以大型中式餐饮、特色美食城、咖啡、西餐、酒吧街形成区域特色主题休闲餐饮区，包括保利美食坊、保利酒吧街、KTV 等商户；

B 区：影视娱乐休闲区，包括保利国际影城、滔搏运动城以及大型室内游乐场——反斗乐园，以及电子游戏机、游艺机等娱乐设施组成；

C 区：百货零售区，引入主题百货商家包括保利天虹百货，并与地下一层家乐福购物中心形成互补，构成相对完整主题购物区；

D 区：深圳保利剧院。

深圳保利剧院建筑造型采用"水滴"寓意（图 7-25），观众厅设有二层楼

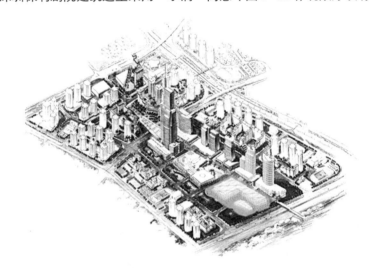

图 7-23 深圳市南山商业文化中心区鸟瞰图
图片来源：http://www.qiankaihua.com/blog/items/qiankaihua63.html.

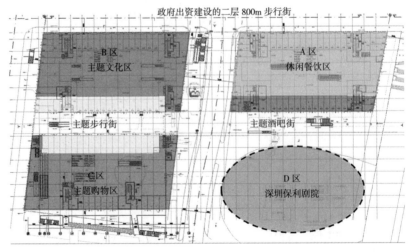

图 7-24 深圳保利文化广场功能分区
图片来源：http://www.qiankaihua.com/blog/items/qiankaihua63.html.

图 7-25 保利剧场建筑鸟瞰照片（左）
图片来源：http://ent.southcn.com/zhuanti/event/baoli/default.htm.

图 7-26 保利剧场室内（右）
图片来源：笔者拍摄

座，总建筑面积 1.5 万平方米（图 7-26）。在功能上，能够满足歌舞剧、话剧、交响乐等各种演出要求。

7.3.2 商业综合体附带演艺空间

我国另一种将演艺建筑纳入混合使用开发的方式是商业综合体内部附带演艺空间。这与国外混合使用建筑的空间处理方式相同。采用这种方式，有可能削弱演艺空间的文化品位，在商业环境中，往往更看重通俗性。其优点是很快就能建成实现。因为商业开发需要文化艺术功能聚集人气，因此有时演艺空间演变成秀场从事商业宣传活动。

7.3.2.1 上海证大喜玛拉雅艺术中心

上海证大喜玛拉雅艺术中心业务定位为中国文化主题酒店，采用艺术与商业结合的模式，是当前多业态建筑综合体的典范。该中心坐落于上海浦东核心位置，东侧临近上海新国际博览中心，是浦东艺术、商业的重要组成部分。证大喜玛拉雅中心由上海证大集团投资约 30 亿元，由日本建筑师矶崎新主持设计。建筑总地面积 28893 平方米，总建筑面积 162270 平方米，其中商业面积约为 5 万平方米。项目地理位置优越，交通便捷，"世博专线"地铁 7 号线芳甸路站出口直达商场地下层，上海地铁 2 号线与磁悬浮线路交会的龙阳路交通枢纽近在咫尺。

证大喜玛拉雅中心由尊域喜玛拉雅酒店、喜玛拉雅美术馆、大观舞台、商场等功能共同组成。有别于一般商业地产，喜玛拉雅中心突破传统，以艺术文化为核心，将顶级文化酒店、商场与美术馆、剧场相结合，以独特的文化艺术氛围营造独特的消费体验。

喜玛拉雅中心建筑下半部分高达 31.5 米（约 6 层楼）的"异型林"结构是商场。商场以艺术文化、创新营商模式为核心，形成独特的文化艺术氛围（图 7-27）。

尊域喜玛拉雅酒店为首家卓美亚酒店管理集团旗下 VENU 品牌的成员，是一家结合现代高科技并集满足客户商务会议与休闲目的地需求于一身的艺

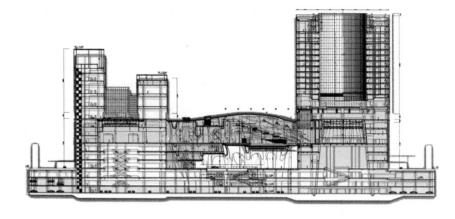

图 7-27 喜玛拉雅中
心剖面图
图片来源：作者根据
http://www.culture.sh.cn/
vsorts_detail.asp?vsortsid=
30 绘制.

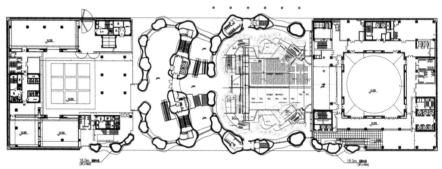

图 7-28 喜玛拉雅中
心平面图
图片来源：http://www.
culture.sh.cn/vsorts_detail.
asp?vsortsid=30.

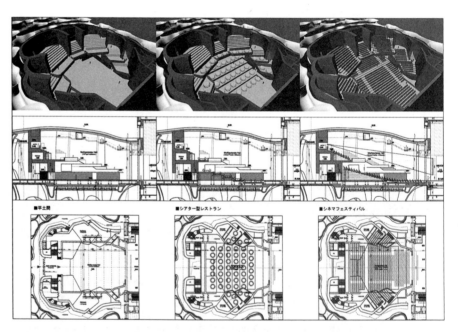

图 7-29 大观舞台多
坐席功能示意图
图片来源：同上

术主题酒店，室内设计由迪拜帆船酒店的室内设计团队 KCA 主持。

喜玛拉雅美术馆与大观舞台约 2 万平方米，为亚洲最有特色的私人艺术中心（图 7-28）。大观舞台是一座多功能剧场，可以通过可变座席布置，满足多种功能要求（图 7-29）。

作为文化与商业的合作，上海文广集团与喜玛拉雅中心在签署了一系列合作协议，包括喜玛拉雅剧场每年将安排一定的档期免费提供给文广集团所属文艺院团使用；证大集团出资设立"证大喜玛拉雅——上海文广艺术创新基金"，以喜玛拉雅中心的无极场、大观舞台等场地优势，共同扶持文广演艺集团下属演出团体的艺术创作、演出、运营等。双方还确认由喜玛拉雅中心提供场地，合作建设高标准多厅影院。这也将进一步促进上海艺术原创、推广上海文化品牌，联手打造上海国际文化大都市的城市形象起到积极的推动作用。如今，大观舞台被指定为上海国际电影节主要活动场地。

7.3.2.2 梅兰芳大剧院

梅兰芳大剧院的建设采用了合作开发、吸引社会资金的方式。国家京剧院出让国有土地，由中国光大房地产公司出资 2 亿元用于大剧院以及国家京剧院综合业务办公楼和舞台美术中心基地三个项目的建设，其中用于大剧院的建设资金在 8000 万元左右。梅兰芳大剧院（图 7-30）总占地面积 2.2 公顷，坐落于北京市西二环官园路口东南侧，是一座集艺术欣赏、娱乐休闲、商务办公等多功能于一体的建筑综合体。在功能组成上包括梅兰芳大剧院剧场、光大国际中心的两栋甲级写字楼和一栋四星级酒店。梅兰芳大剧院由中国中元国际工程公司设计，并于 2007 年 11 月正式落成并开始试演。同年 12 月 3 日，正式对外营业。光大国际中心由中科院建筑设计研究院崔彤总建筑师设计。

"梅兰芳大剧院剧场部分约占 1.3 万平方米，规模是 1068 座，另设一小型多功能演出厅（200 座）、录音棚和京剧艺术展廊以及必要的附属设施与地下车库。"（贾玉洁，2009）剧场外墙采用通透的玻璃立面。观众厅共 1000 余座，由于演出主要以京剧为主，在观众厅空间氛围的营造上，格外重视中国传统元素的体现，如观众厅墙体采用中国红，并在墙面上依京剧经典脸谱浮雕作为装饰（图 7-31）。

建成的梅兰芳大剧院剧场归国家京剧院管理使用，另有两座写字楼和一

图 7-30 梅兰芳大剧院鸟瞰图（左）
图片来源：国家摄影论坛. 城市牛仔摄. http://bbs. unpcn.com/showtopic- 462839.aspx.

图 7-31 梅兰芳大剧院室内（右）
图片来源：复兴论坛 http://bbs.cntv.cn/thread- 14508265-1-1.html.

座酒店由光大房地产公司管理使用，并由其向国家上缴土地出让金。文化部和国家发改委在对梅兰芳大剧院的设计方案和概算审核后，拨款 3700 余万元专项用于大剧院舞台的建设。这种多方合作的建设模式是文化部系统内文化设施建设的一次全新尝试。

在剧场运营方面，梅兰芳大剧院引进民营公司运作，以托管的形式交由张德林、余声夫妇创办的国艺升平文化有限公司经营管理，实现所有权与经营权的分离。国家京剧院每年将从大剧院收取 200 万元管理费，并保证 100 场演出场次。从梅兰芳大剧院正式对外营业起，国家京剧院将在 5 年后收回经营权。这也是一次体制上的创新与尝试。

国艺升平公司为了实现营利，在经营手段上也颇费心思，如在非假日推出京剧讲座，培养潜在观众群体；同时积极与旅行社展开合作，吸引喜爱京剧的外国观众。除此之外，剧院还提供与京剧有关的音像、服饰、摄影等衍生产品服务，甚至还可以拍摄京剧婚纱照。

7.3.3　旅游剧场

近年来，随着国内主题游乐园、主题景区等旅游的发展。将现场表演融入旅游产品成为一大趋势，许多大型旅游园区开发也纳入演艺建筑。

7.3.3.1　北京"欢乐森林"主题公园剧场

"欢乐森林"主题公园位于北京市朝阳区，西邻东四环，北接京沈高速。附属剧场坐落在"欢乐森林"主题公园的入口区北侧（图 7-32）。剧场总投资约两亿元人民币，总建筑面积 22000 平方米，可容纳 1640 名观众。该剧场是场、团、剧三合一的集成体，主要由专门剧团驻场演出特定剧目，兼具承接外来演出活动。因此，在建筑设计上，不仅重视剧场空间、舞台设施与主打剧目的契合，也考虑以后更换剧目、改造剧场的需要。

为了避免观演隔离感，该剧场的观演格局打破了常规的"镜框式台口"，从舞台两边各伸出 21 米长的表演区成为耳台，半环绕着观众厅，使观演空间紧密结合，演出界面充满了观众的视野，具有强烈的融入感和互动性（图 7-33）。在剧场与广场之间设置了人工湖，利用水面将剧场与喧嚣的广场分离（图 7-34），剧场观众休息厅则通过空中连廊与周边建筑连接。

为了实现大型歌舞剧《金面王朝》中洪水天灾这种大规模室内立体水景的震撼效果，总装工程设计研究总院为该剧场设计了独特的设备，达到 14 米升降行程的升降台喷出 16 米宽、流量达 40 立方米 / 分钟的洪水。同时，台口前的通长水池里设有水中升降台，从而实现了"水中出人"的独特效果（图 7-35）。

"欢乐森林"主题公园剧场建成以来演出《金面王朝》数百场，以其震撼

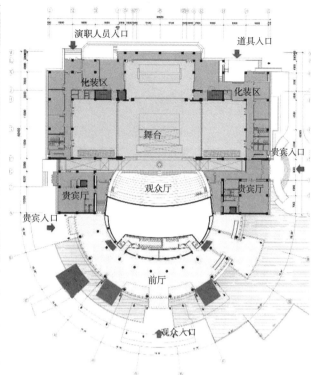

演职人员入口

道具入口

化装区

化装区

舞台

贵宾入口

贵宾厅

观众厅

贵宾厅

贵宾入口

前厅

观众入口

图 7-32 "欢乐森林"
剧场总平面图（左上）
图片来源：王悦提供

图 7-33 "欢乐森林"
剧场首层平面图（右上）
图片来源：同上

图 7-34 "欢乐森林"
剧场夜景外观（左）
图片来源：同上

图 7-35 歌舞剧《金
面王朝》洪水效果
图片来源：同上

的场景、美轮美奂的演出效果享誉国内外。此外，多台综艺晚会也曾在此举办，并作为多个影片首映式、大型企业年会、华侨城新年音乐会、魔术节等活动的演出场地，为华侨城集团创造了理想的经济效益，赢得了良好的社会声誉。

图 7-36　杭州宋城主
题公园（左）

图片来源：http://www.
culture.sh.cn/vsorts_detail.
asp?vsortsid=30.

图 7-37　宋城大剧院
平面图（右）

图片来源：张三明，俞
健，童德兴．2009．现代
剧场工艺例集：建筑声
学·舞台机械·灯光·扩
声．武汉：华中科技大
学出版社：159.

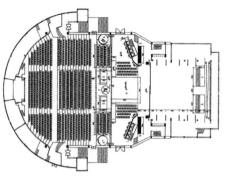

7.3.3.2　杭州宋城大剧院

宋城大剧院位于杭州宋城景区（图 7-36）内[①]，比邻杭州市之江大道。"杭州宋城大剧院始建于 1996 年，原为露天剧场，舞台采用开放式设计并与假山结合。为提升《宋城千古情》[②] 表演的效果和改善观众服务档次，2001 年进行改造，于 2002 年建成并投入使用。是集餐饮、接待、商务于一体的剧场综合体。"（阮小华，2007）剧场建筑面积 4000 平方米，有 2000 座观众席，主要为《宋城千古情》演出服务，同时可承接大型室内演出（图 7-37）。

杭州市是国内著名旅游城市，有丰富的自然、人文景观，然而杭州旅游业却一直面对"白天看庙，晚上睡觉"的窘境。宋城大剧院正是抓住夜间旅游消费的空白，发挥混合使用全时服务的特长，增加夜间演出，填补游客观赏时间上的空白；并与宋城景区捆绑销售，提升整体旅游产品附加值。

7.3.4　本章小结

本章首先对我国演艺建筑历史演进中的功能混合现象做一梳理。中国传统剧场建筑诞生伊始，与西方较为类似，是与祭祀活动相结合的。祭祀活动通过对共同信奉的神明或共同祖先的供奉，提高社会、团体的凝聚力。而其中的戏剧演出名为供奉神明，实为娱乐大众。对待戏剧这种二元分立的观点在中国之后的戏剧、剧场发展过程中始终存在。一方面，官方较为重视礼乐教化，希望通过戏剧的文化传播作用强化社会管控，这在识字率不高的时期显得格外重要。另一方面，大众对娱乐的需求永远不会停歇。

宋代坊市制度的消失为中国城市商业、娱乐业的发展提供契机。专业化的演出场所——勾栏、瓦舍逐渐成型。明代朱元璋为了维护统治，打压勾栏娱乐。进而，酒楼剧场成为市民娱乐的一个重要场所。到了清代，又是由于宫廷担心旗人观剧而腐朽、堕落，对酒楼剧场施加约束。于是为了娱乐生活的继续，在民间，转换名目的茶园剧场接替了酒楼剧场。可以说，中国传统剧场在漫长的发展过程中，一直在一种较为封闭的环境下保持着这种功能混

[①]　宋城景区是一座模仿宋朝的主题公园。景区内的街道、房屋都是按宋朝的模式布置的，古色古香。景区内有身着古装耍杂的，在高高的戏台上演戏的，有扮更夫巡查的，那些饭铺店号都姓宋。

[②]　《宋城千古情》是杭州宋城旅游发展股份有限公司以杭州历史典故和神话传说为基础制作的一台全景式大型歌舞，推出至今累计演出 11000 余场，接待观众 2500 万人次，每年吸引 300 万游客观看。该作品2009 年获得国家五个一工程奖、舞蹈最高奖——荷花奖。

合的特征。随着鸦片战争爆发，西方剧场出现在中国。完善的灯光、舞台设施，逼真的布景，宽大的舞台，整齐严肃的观众座席成为一些革新人士标榜的对象。中国传统剧场则被认为环境喧闹、设施简陋，逐渐走向没落。

新中国成立之后，经过社会主义改造，我国商业性剧场逐渐消失。演出空间以会堂、礼堂等形式出现，带有鲜明的时代特色，在功能上兼具大型会议和文艺演出；在空间上，凸显人人平等、为人民服务的思路。这一时期，很多大型综合性文化设施也采用功能混合的方式，例如演出空间与会议、住宿、餐饮、娱乐活动等用房相结合。这种多功能混合主要是为了实现使用上的便利，对经营中各功能之间资金援助缺少考虑。

改革开放为我国剧场回归商业化、娱乐化提供了条件。开启与商业合建先河的是北京保利剧院，虽然这种"以商养文"的模式后来并没有取得预期的成功。近年来，随着我国城市的快速发展、金融融资体系的健全和地产开发行业的崛起，混合使用开发逐渐得以受到重视。当前，我国已经有了一些演艺建筑混合使用的尝试。但由于这一模式在资金、开发等诸多环节的复杂性，使得有些尝试进展并不顺利。

第 8 章

我国推进演艺建筑混合使用的策略建议

8.1 国家对表演艺术的政策支持

8.1.1 政府支持表演艺术的初衷

政府对于某项工程、某类产业的支持往往具有明确的目的性。这类支持的方式包括政策支持、资金支持或采用多种方式相结合。很多情况下，政策支持的目标指向也落实于资金支持。将政府作为"理性人"来看待，其一切政策或资金的支持都需要有合适的收益回报。这些回报的形式并不局限于资金回报，也包括其他诸多方面。从投入和回报的角度看待表演艺术，就需要对表演艺术的价值加以分析。表演艺术的价值实现可以从个人收益、群体与社会收益及文化遗产积累三个方面的角度来解释。

8.1.1.1 个人素质提升

清华大学卢向东副教授关于表演艺术价值曾经提出过一种二元观点，即"娱乐与教化"（卢向东，2009）。表演艺术的作用对象首先是个人，即每一位观众或以其他形式欣赏的受众。一方面，"娱乐"属性发挥作用时，个人受众欣赏表演艺术之后获得了愉悦的感受，并在与其他人的接触中将这种愉悦的感受传递给他人。从小范围的角度看，愉悦感的传递可以促进家庭和睦，促进同事、朋友之间的关系更友善以及激发更多共同话题。另一方面，"教化"属性发挥作用时，表演艺术可以提高个人的艺术鉴赏能力、提高文化艺术素质，并给个人带来生活、思想上的启发和引导。

8.1.1.2 群体文化自豪感与身份认同

表演艺术的兴盛能够为人们带来强烈的文化自豪感，进而建立共同的文化身份认同。例如，当意大利人与别人谈论文化、艺术时，常会以本国歌剧名著和男高音歌唱家帕瓦罗蒂为焦点，正是因为艺术方面的杰出成就让他们引以为做。事实上，每个国家的人民都希望本国的艺术家能够在世界范围内受到广泛认同，对于艺术作品也有类似的期望。表演艺术所具备的传播能力，事实上是对本国文化软实力的一种彰显，而作为演出容器的剧院则更是集合财力、工程技术以及包括绘画、雕塑等诸多艺术在内的综合实力的展示。当人们津津乐道于某一演出时，便是对自身文化身份的建构过程。而具有统一的文化身份认同和文化自豪感则对于社会安定和多民族团结有着重要的影响。

8.1.1.3 文化遗产传承

不论人们的表演艺术欣赏能力如何，对具体剧目是否喜欢都具有强烈的个人特征。对于表演艺术的延续与否不能够一个人主观臆断，即当前时代的人们不能将自己认为不好的艺术加以排除，因为当前时代的审美品位无法代表后代的审美品位。同时，表演艺术具有融合多种艺术门类的特点，对于任何作品甚至是当前不受欢迎的作品，仍有可能在其某部分具有特殊的历史意义。这与当前普遍认同的非物质文化传承观念十分契合。如果我们认同对于文学作品、建筑作品、雕塑、绘画等各种艺术品的传承和积累，那么对于表演艺术的技法、剧本、乐谱等也应该持同样态度。

8.1.2　发达国家的艺术支持政策

不同的国家干预艺术的目的、资助机制、政府职责以及该国艺术家和艺术企业的经济状况都有着显著的差异。[①] 而一个国家对于艺术的支持模式并不是固定的，常常随着时代特征和社会现实变动。在这之中，政府的角色也是多重的。由于当代演艺建筑混合使用这种模式起源于美国，而美国演出机构的商业性质又继承自英国，因此，此处着重对"二战"之后这两个国家的艺术支持政策展开分析。

8.1.2.1　英国的艺术政策

为了避免"二战"前纳粹思想和共产主义思想对艺术产生的影响，英国将"一臂之距"（Arm's Length Principle）[②]原则作为国家艺术政策的基本原则。在支持艺术的具体操作上，英国通过设立艺术评议会这样的机构，对资助对象进行标准设定，并加以选择，而英国政府只负责提供所需的资金。艺术评议会与政府之间通过"一臂之距"原则相隔离，确保艺术不受政治影响。这也是分权观念和自由经济的具体体现。

然而，"一臂之距"虽然确保了政府和资金使用的脱离，但评议会却难以摆脱对艺术的特殊影响。为了得到艺术评议会的认可并进而得到资金援助，艺术家和团体难免要接受一些来自评议会的要求和条件。因此，艺术评议会的评价标准往往形成"有色眼镜"，更加偏向于精英主义的艺术，而忽视艺术的民主性及普通人艺术享受的权力。当人们对艺术评议会的公平性提出质疑时，"一臂之距"原则却成了政府的保护伞。因为艺术支持的资金并不由政府操控，因此也无需对分配的结果负责。

8.1.2.2　美国的艺术政策

相比于英国的艺术资助模式，美国的税收激励（Tax Incentive）模式则显得更为间接。税收激励的客体包括两部分：一部分是指向非营利性艺术机构，另一部分是面向提供艺术捐赠的单位，通常是基金会、个人、企业等。美国《联邦税收法》（U.S. Federal Tax Law）和美国联邦税务局发布的《免税组织指南》（Guide for the Law of Tax-Exempt Organizations）中将艺术机构区分为营利性和非营利性。"其中营利性艺术机构与常规企业运营相同，需要纳税并可

① 借鉴加拿大文化经济学家查特兰（Harry Hilmann Chartrand）的分类法，根据国家干预艺术的目标、资助机制、政府职责、艺术家和艺术企业的经济状况，可将战后公共资助精致艺术（fine arts）的模式分为四种类型，分别为："协导人"（facilitator）、"赞助人"（patron）、"建筑师"（architect）、"工程师"（engineer）。这四种模式只是分别代表了各国艺术制度的典型特征，相互并不是排斥的，一个国家的公共资助机制可以兼容不只一种模式，政府可以扮演多重角色。

② "一臂之距"模式，是英国人发明的一套文化管理方法，长期以来被英国政府视作文化管理的法宝，认为可以有效避免党派政治倾向对文化拨款政策的不良影响，保证文化经费由那些最有资格的人进行分配。"一臂之距"即非政府公共文化机构不受政府直接管辖，可自主经营，独立运营。英国、奥地利、比利时、瑞典、瑞士、丹麦、芬兰、前英国殖民地的加拿大、澳大利亚等国也采用这一文化管理原则，它也是西方发达国家在最近20年以来日益兴盛的公共管理的一个有机部分。

① 美国对非营利性艺术机构的界定标准是：第一，为社会公益事业服务；第二，盈利不分红。美国全国大约有 900 个戏剧演出团体，它们全都获得了免税资格。例如：舞蹈、戏剧、交响乐、爵士乐、视觉艺术、博物馆、非营利出版社属于非营利艺术或艺术机构，而电影、电视、音像、商业影剧院、商业出版社和画廊属于商业艺术或商业艺术机构。

② 美国国家艺术基金会是属于美国国会下属的一个独立机构。该基金会旨在资助那些使个人或社会受益的那些杰出的艺术、创意及各种艺术创新。是美国政府赞助艺术家和学者的最大公共资金来源。迄今为止，该基金会已经资助 13 万个项目，资助金额高达 40 亿美元。

③ 根据 NEA 的预算，美国政府为文化艺术事业每年都提供 1 亿多美元的拨款。据估计，美国公共资金和民间资金每年为文化艺术提供的赞助总额为 120 亿美元。这样看来，NEA 仅提供不到总额 1% 的资金。

以自由支配盈余。非营利性艺术机构① 可减免营业税并享受来自政府或社会各界的资助。"（Hopkins，2007）"对非营利性艺术机构提供捐助的单位和个人将获得减免所得税的优惠。"（谢大京，2007）[36]

早在 1930 年代美国大萧条时期，罗斯福总统上台便开始推行新政（New Deal），在大力恢复经济的同时，也采取了一系列扶持文化艺术的政策，如联邦艺术计划（Federal Art Project，简称 FAP），这一系列政策不仅救艺术家于水火，更为日后美国跻身西方艺术的领导地位奠定了坚实的基础。1965 年，美国参照英国艺术评议会机构，由联邦政府设立国家艺术基金会（National Endowment for the Arts of USA，NEA）②，同时在各州设立艺术评议会。形成了政府财政直接艺术支持和税收杠杆间接支持并举的方式。"NEA 的主要作用不仅体现在对艺术的直接资金捐助，其更大的作用在于为其他组织起到带动作用。即 NEA 利用其有限的经费通过配额补助金（Matching Grants）制度鼓励私人部门的资助。处于起步阶段的艺术机构只要得到少量的 NEA 资助，就相当于得到了权威的认证，进而会受到更多社会捐助。③"（马钦忠，2010）[21] 这样就保证了政府在只提供少量资金的情况下，仍能够让艺术机构获得很多私人资金的支持。

这种模式为私人资金支持艺术提供了引导，使得更多人愿意投资于艺术。然而，这种模式常导致艺术家忙于筹集捐款，难以专心于艺术创作。另外，从中世纪后的皇家供养，到今天的企业或私人捐助，对艺术的支持很少是不附带条件的。如果艺术作品无法得到捐助人的欣赏，对于该艺术家的支持也就不会继续，因此，资助事实上类似于另一种形式的雇佣。这将使艺术不再具有独立性，而是满足少数富人的需求，走上功利化的道路。

总体上来说，美国的艺术政策倾向于将艺术家、艺术作品推向市场，通过自由竞争的方式体现其价值。政府对于艺术创作的内容没有直接干涉。随着经济全球化的发展，企业的经济实力逐渐增强，对于艺术支持力度也越来越大。采用税收激励的政策可以让企业减免一部分税务负担。而企业将资金捐赠给艺术也逐渐成为增长声望、扩大影响的手段，相当于广告运作。因此，美国的艺术支持模式逐渐受到越来越多国家的效仿。

8.1.3 我国对表演艺术的观念

8.1.3.1 教化与娱乐

果戈理在谈戏剧的社会作用时这样说过："它是一所巨大的学校，它负有深刻的使命：它一下子给一大堆，整整上千的人上了一堂有益的课，在庄严辉煌的灯下，在洪亮的音乐声中，戏剧展示出人类可笑的习惯、崇高感人的美德和高尚的感情"。中国先秦时代的大儒荀子作过《乐论》,强调音乐的社会功能,认为音乐"足以率一道,足以治万变"。

中国传统儒家文化中,也十分注重戏曲的教化职能。当然,这里的戏曲主要指阳春白雪一类的"雅乐"。一方面,中国传统的戏曲内容包含了许多历史故事,如《赵氏孤儿》《霸王别姬》《苏武牧羊》《昭君出塞》等,是对民众文化、历史知识的传承和熏陶。另一方面,体现在对人们道德观念的濡染,通过舞台人物、事迹的表述,塑造大众的价值观,如《海瑞罢官》里海瑞的刚正不阿、《西厢记》对自由恋爱的追求等。尤其是在识字率不高、信息手段有限的社会里,戏曲艺术其教育面之广、教育程度之深都是其他方式望尘莫及的。以至于人们将其称为"高台教化",戏剧舞台潜移默化地培养了一代又一代的孝子忠臣、贞女烈妇、义仆侠士。

与之对应的是可称之为下里巴人的"俗"剧。这种演出将世俗生活加以调侃,主旨在于通过夸张的演出,让民众在欢笑中排解现实生活中的压力和苦闷。因此,"俗"剧在民间有着广泛的群众基础。然而在官方看来,这种粗野、装傻、戏谑的表演显得有伤风化,常常对既有统治秩序形成挑衅。在传统文人看来,这也与文人崇尚的美学价值和伦理价值相悖。

新民主主义革命以来,党的艺术方针倾向于为斗争服务。1942年,毛泽东《在延安文艺座谈会上的讲话》一文就明确提出文艺为革命服务的路线。1956年,党中央提出"百花齐放,百家争鸣",是为繁荣艺术、解放思想的先声。可以说,我党的文艺方针长期倾向于将文艺作为塑造民众价值观的工具。改革开放以来,这一观念有逐渐淡化的倾向,取而代之的是对于公共文化服务的提供和新时代精神的满足。但文艺的教化职能,仍占据着重要地位。

现代快节奏的都市生活使得人们日常休闲娱乐变得越来越可贵。娱乐业为满足这一需求,正形成一股旺盛的经济浪潮,成为娱乐经济。表演艺术不能局限于一种高雅的艺术形式,它同时也具有娱乐的功能。随着民众对演出娱乐性的需求,当前我国涌现出大量"俗"演出。这里所说的俗,不是指低俗、恶俗,而是世俗、民俗,是贴近百姓生活、为百姓喜闻乐见的艺术。可能没有大道理的说教,但却上演着一幕幕发生在现实生活中的鸡毛蒜皮的小事。例如:北京开心麻花的舞台剧、北京德云社的相声演出、上海周立波类似美国"脱口秀"的海派清口等,这些演出均以搞笑为重要内容,在让观众捧腹大笑的同时演绎着世间百态。对于文艺演出教化和娱乐特性的讨论,不是一种绝对化的批评或否定。雅和俗从来都是一体两翼,只是过去对于演艺业的看法过于倾向于教化职能,而现在应该将娱乐职能提升,二者兼备,缺一不可。

8.1.3.2 直接支持与间接支持

我国当前各地大剧院建设主要由政府主导，虽有多种融资方式，但民营资本、基金会等非政府组织作为投资主体的情况较少。这些资金支持往往采用直接投资的方式，例如在剧场建设、运营等阶段进行直接的资金补贴。演艺建筑混合使用的模式可以为资金来源提供多种渠道的机会。我国可借鉴美国等发达国家经验，降低政府包办程度，拓展演艺业补贴的来源类型，形成由政府直接资金支持向以私人资金为主的多种渠道间接支持的转变，进而推动演艺产业化进程。这其中，恰当的投资政策显得尤为关键。

一方面，对于艺术的投资的来源应该更加多元化。我国当前民间储蓄仍然占据着巨量的货币量，而与之对应的，很多演艺团体却难以吸引私人资金的帮助。由于很多演艺团体的经营状况难以为大多数私营企业、个人所了解，这些私人资金也就对投资表演艺术缺乏信心。国家对于表演艺术的投入毕竟有限，但是，国家的投资往往可以成为一个信誉的风向标。通过国家对某些项目的投资，可以为行业树立一个发展的方向，进而带动私人资金介入。

另一方面，我国当前对于表演艺术私人投资的投资渠道还不健全。目前，以工商银行为代表的一些商业银行和投资公司已经有了较为专门针对表演艺术的投资、贷款措施。但面向更广范围的社会公众，却还没有良好的渠道建设。在这方面，可以借鉴美国设立艺术发展基金、艺术发展债券等方式，积极吸引企业、个人闲置资金支持艺术发展。

8.2 城市土地相关政策、法规的引导

在美国，混合使用开发是一种房地产操作中的土地利用方式，从 20 世纪 70 年代后被广泛研究。国内相关研究开展较晚，理论成果不多。对于国内房地产开发主体来说，混合使用开发模式存在占用资金较大，项目周期较长，市场尚不成熟等缺点，需要政府相关部门或有经验的组织的参与或引导。基于以上情况，下文的研究重点集中在城市政府对混合使用开发的政策、法规引导方面。

8.2.1 城市土地出让政策

8.2.1.1 土地收费

演艺建筑通常需要占据城市中心区或城市重要的交通节点，而这些区域往往是城市地价较为昂贵的区域。混合使用开发过程对于资金要求门槛较

高，而当加入演艺功能或以演艺功能为核心时，就对开发资金提出更高的要求。针对这一情况，城市主管部门可以让渡部分土地成本来吸引私营资金介入，以谋求区域长远活力和更广泛产业链带来的外部收益。我国目前土地收费大体可以分为三类：行政事业性收费、服务性收费和资源性收费。总的来说，以税代费、重费轻税、税费重复的情况较为普遍，在大多数商业房地产开发项目中，房地产税费占项目总体价格比重在 50% 左右。而这其中，土地出让金又能占到全部税费的 50% 左右。一般情况下，土地税费收益除上交中央政府部分以外，余下收益由城市和区县政府平均分配。可见城市及区县政府有条件通过降低部分土地出让金的方式来刺激特定开发项目的发展。"美国地方政府在开发旧金山内河码头中心（Embarcadero Center）时，就是通过适当降低土地出让金使得这个混合使用的开发项目顺利进行。当时土地所有者为旧金山开发管委会，管委会在出让前就已经完成了土地的整理工作，并以较低的价格出让给私人开发主体，使得这个项目在土地成本方面要远低于当地类似项目。"（邢琰，2005）这样的处理方式显然会影响短期的政府收益，这时政府就需要作出权衡，如果混合使用开发项目长期收益对城市整体有利，就可以考虑承担短期利益的损失。

8.2.1.2 土地税制

我国土地获取环节的税费大多以收费的形式产生，接下来的土地保有环节大多体现在土地税收方面。对于各国政府，土地的税费收入都是财政收入的重要组成部分。我国在漫长的传统社会中，一直以对耕地征收赋税为主，城市用地征税从唐朝伊始至清末之前所占比例一直较低。随着近现代工商业的发展，大量农村人口涌入城市，参与到近现代城市发展进程中，城市土地的增值特性和经营性特性变得更加凸显。20 世纪 90 年代的分税制改革扩展了城镇土地税收种类，一方面使土地税收税类得以扩展，另一方面极大地刺激了地方政府土地税收比重。从全球范围来看，土地税的征收大多在以下三个环节开展：土地取得、土地保有和土地转让。

土地在持有过程中，随着社会经济发展和人口发展等原因，会产生一定自然增值。一般情况下政府提高土地保有税而降低土地转让费，可以刺激土地流转，提高土地利用效率。然而这一原则在针对混合使用开发项目时，则需要一定调整。以演艺功能为核心的混合使用开发项目建设周期通常需要几年甚至十几年，而如果要实现以演艺经济为核心的全产业链的良性运转，则需要更长的时间。这也是私营企业投资过程中十分关注的问题。一般情况下，前期投入巨大、项目建设周期漫长这些特征绝不是什么吸引人的优点。因此，城市主管部门可以制定税收减免政策增强项目吸引力，并保持相应的政策延续性。美国的土地保有税合并在一般财产税内。其土地税收的鼓励政策非常普遍，并成为城市开发中的标准技术手段。如早在 20 世纪 40 年代的"密苏里城市再开发公司法"中就有用以鼓励私人参与城市更新区开发的条款。"该条款允许在城市更新区的开发中，税金可根据土地购买时的土地评估价值来缴纳。这一税金的等级将在开发开始后十年内保持不变，其后的十五年内的土地和相应地产的税金总和低于原评估价值税金的一半。当地政府的这一鼓励性条款有效地吸引更多的私人企业参与到开发中来，促进了当地城市的更新建设。"（邢琰，2005）

通过国外的实践可以看出，适当的让利给开发者的方式，可以有效地鼓励私人资本参与到城市公共设施的建设中来。我国相关的土地保有的长期税制还不完善，在现行土地出让体制下，通过直接的降低土地出让金是吸引民间资本参与城市公共建的最有效可行的方式。

8.2.2　城乡规划相关法规

在我国现行城乡规划管理体制中，土地的用地性质多以单独的功能为主。虽然以功能来划分土地可以有效地解决生产、生活相互干扰等城市问题，但往往导致局部区域功能过于单一，城市活力不足。解决以上问题要在规划设计和管理过程中加强创新性，更加灵活地配置土地资源，从体制上鼓励混合使用开发模式的发展，提高城市运转的效率和活力。

8.2.2.1　当前我国城市规划功能分区的约束

以土地功能来划分管理城市是针对近代工业城市的恶劣环境提出的规划管理方式。我国的规划管理体系沿用了传统区划思想，但随着时代的变化和城市的发展，传统区划暴露出了其先天的缺陷，如钟摆式交通、局部城市区域活力不足等等。土地用途的确定应从行政计划为导向逐渐转变为以市场和现实需求为导向的模式。国外的这种探索已经比较成熟，比如美国的开发权转移、规划单元开发、包含式规划等政策，有效地补充了现行规划管理体制的不足。土地所有权与土地开发权是密切相关的两项权利，许多西方国家在满足土地开发强度的限制条件下，开发权可以转让与非土地所有者。而在我国，土地所有权与开发权常常绑定在一起。虽然近年来我国规划设计管理在借鉴国外先进经验的同时有了长足的发展，也出现了很多混合使用开发的案例，但仍缺乏针对城市混合使用开发专门的管理规定和技术标准。

8.2.2.2　美国区划法与城市空间权转让的借鉴

"许多西方国家采用区划法（Zoning Law）作为土地利用管理的一种法律手段。与国内的控制性详细规划类似，区划法将土地划分出不同的用地性质并规定不同的开发强度和控制指标，从而避免无序发展建设。"（彭飞飞，1987）在区划法的基础上美国早在 20 世纪中叶增添了新的混合利用区[①]。土地开发权的转让可以让土地资源更为有效的得以利用，同时，鼓励性政策在调解公共利益与个体利益诉求中也起到了非常重要的作用。特别是对于非营利性质的文化类建筑。例如，在纽约市中心，开发商在追逐利润的最大化的同时造成了城市街道狭窄，建筑密度高体量大，伤害了市民享受阳光、绿地、空气等权益。区划法对应这些问题在加强控制的同时还提出了一系列鼓励性的措施，如开发者在建设绿地、拱廊等为市民服务的公共空间的同时，可以增加一定的建筑高度从而平衡成本甚至从中获益，从而有效地运用利益的手段来达到城市空间的管理目标。

纽约的现代艺术博物馆（MOMA）的改扩建是这一政策在促进文化建筑建设方面的典型案例。该博物馆在 20 世纪 70 年代由于面积限制，需要向东侧扩大。但资金问题却限制了这一计划的实施。后来经过市场化的成功运作，博物馆将其临近地产上空的开发权以 1700 万美元转让，并从当地政府获得免税政策，使得扩建计划得以顺利的实施。空中开发权的转让政策间接上促进了当地文化建筑的发展，使得政府和公益性文化团体能够发挥自身制度优势，在资金有限的情况下得以健康持续的发展。美国的实践为我国规划体系完善提供了经验。从维护公共利益的角度出发加强规划编制的灵活性，丰富控制手段和途径，适应当今城市混合利用开发的需求，运用经济的杠杆来推进城市公共文化设施的建设和发展。

8.2.2.3　土地使用性质和建筑物用途转变

城市是不断发展和生长的。在这一过程中，城市中的各种设施和用地由于受到级差地租的影响也需要相应的调整和发展。原先位于城市周边的工厂随着地价的上涨而迁至地价更低的地方，并逐渐被居住社区所取代，城市中心区的居住设施被商业价值更高的商场、酒店取代。城市的开发强度、建筑高度也随着地价的上涨而逐步的增高。而商业价值较低的文化、艺术等公共设施在这一系列更新过程中则处于一个尴尬的位置。

在这一系列的调整和更新的过程中，土地和建筑的用途无法避免的需要变化和调整。这种变化在城市核心区往往呈现对建筑功能的多元化倾向。而这种城市混合使用的发展趋势往往和城市既有的规划产生矛盾。由于缺少制度上的支撑，不同用地性质、不同土地价格、不同使用权年限的土地之间的联合开发功能复合化发展在政策层面上很难执行。比如共同开发的两块相邻的土地，其中一块为商业用地的使用年限为 50 年，而另一块居住用地的使用年限为 70 年，两块用地在立体空间上的混合开发的可能性几乎为零。而类似

[①] 土地利用性质的分类是对土地利用的定性，是区划法的核心。一般划分居住、商业、工业三类。20 世纪五、六十年代以来，单一用途的、分隔的和精确的几何分区规定，不仅不能符合日益复杂的城市社会、经济发展的需要，而且严重地阻碍了规划、建筑、金融和市场的发展。人们逐渐认识到区划法不应只是保护现状的抑制剂，而应成为城市设计和发展的催化剂。区划法中增添了许多新的功能区。

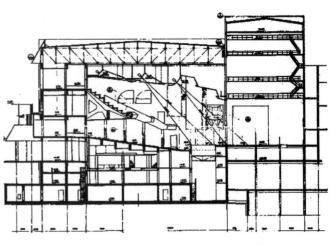

图 8-1 东方艺术大厦建成照片（左上）
图片来源：李道增提供

图 8-2 东方歌舞团剧场剖面图（右）
图片来源：卢向东．2009．中国现代剧场的演进——从大舞台到大剧院．北京：中国建筑工业出版社：212．

图 8-3 东方艺术大厦改造效果图（左下）
图片来源：中建一局网站
http://www.cscec1bhz.com

的这种问题往往对文化设施的更新和发展形成了障碍。

　　1987 年开始设计的东方艺术大厦是改革开放后继保利剧场之后又一个剧场与商业建筑结合的尝试，包括东方歌舞团剧场、旅馆和附属餐饮设施等内容。项目建设用地由东方歌舞团提供，原计划在此用地建设东方歌舞团剧场，但由于资金匮乏，项目采取了与商业地产合资建设的方式。在东方歌舞团所有的土地上建设剧场和旅馆综合体，吸引外资提供资金，建成后，剧场归东方歌舞团所有，旅馆归外资所有。原设计剧场部分由李道增院士主持，旅馆部分由建筑师严训奇主持（图 8-1）。由于建设内容的增加，原剧场用地变得更为紧张，因此剧场建筑设计得十分紧凑。建筑门厅较小，没有后舞台，台口宽 14 米，高 8 米；舞台宽 20 米，深 15 米。（卢向东，2009）[212]（图 8-2）

　　然而，这之后由于剧场主管单位变化，其产权最后被转移到民航局下属单位。在商业利益的追求下，新的业主觉得剧场盈利能力弱，希望将剧场改建为旅馆的附属娱乐设施。这一改变相当于将原先的文化设施用地改变为商业设施用地，无法获得规划主管部门的批准。现在该剧场观众厅内部增加了楼板，被改为办公楼。该方案已经通过审批。剧场部分的改建，建筑面积21340 平方米，是集酒店客房、宴会厅、设备用房、车库和后勤办公为一体的综合性用楼，其中地上 9 层，地下 2 层（图 8-3）。

8.3　演艺建筑混合使用的开发特点与建议

　　任何项目的开发都有其内在的规律和机制。特别是混合使用的开发较其他一般项目要更加复杂，并且参与者众多。多方面的参与者和其各自不同的利益诉求使得整个混合开发项目的过程和影响要远比常规的、单纯商业目的导向的项目更为复杂。

8.3.1　演艺建筑混合使用开发的复杂性

8.3.1.1　发起主体特征

前文已经将演艺建筑混合使用模式的三个基本主体类型加以分析，即城市政府、艺术团体、开发商。其他的主要参与者还包括投资机构、各种类型经营单位、城市居民等。虽然这类开发目前并没有形成较为固定的模式，但通过对成熟案例的分析可以发现，项目的发起方往往在项目中起到了主导的作用，一方面，发起方通常从自身利益最大化的角度对项目进行整体构想并控制项目发展方向，另一方面，发起方寻求恰当的合作伙伴并获取关键性资源，同时扮演协调各方面利益的调解人角色。主要发起方类型有以下三种：

（1）地方政府

围绕演艺功能开展的混合使用开发项目的发起人通常是地方政府。具体来说可能是城市文化主管部门、经济主管部门或为城市发展成立的非营利性机构。城市政府各部门的利益出发点在于公共利益，首先这类开发可以为市民提供更全面的艺术设施和艺术教育环境，这是城市政府的政绩诉求，其次这类开发可以有力地刺激城市活力，繁荣的商业和更多来此城市的定居者可以有力提升城市土地价格和各方面税收，这是城市政府的财政诉求。而对于大规模开发项目，城市政府也更具有各方面的资源优势，如政策资源、土地资源、利益协调能力等。

比如在一些项目案例中，政府可以利用闲置土地置换、旧建筑更新等方式为大型的混合使用项目提供足够面积的、地块连续的用地。另外，城市政府可以实施一些公共政策，对参与的开发商和艺术团体形成激励并提出约束条件。这种由政府发起混合使用开发的模式有力地推进了当地城市健康发展，同时保障了城市公共设施的服务对象是广大市民，而非短期的直接经济利益。

（2）开发商

由于演艺建筑混合使用开发项目中演艺设施产生的经济利益并不是这类项目的最主要的目标，而且演艺设施自身的盈利能力有限，开发商需要在项目中面对如何收回成本并且盈利的挑战。因此，开发商通常对演艺建筑的开发缺乏兴趣。这就要求项目本身必须具有一定的规模，以便开发商从其中营利性项目中得到足够的回报，并且需要政府有一定的鼓励和扶持政策。当然，开发商也必须具有相当的财力和技术实力来保障大型综合项目的开发和建设。

（3）其他主体

投资机构或各种类型基金会通常有一定资金实力，出于艺术或公共利益等角度，可以作为项目发起方。艺术团体由于财力有限通常无法作为混合使用开发的主体，艺术团体在这类开发中能够提供的物质条件大多是演出场地或原先拥有的土地。但艺术却是这类开发中不可或缺的环节，艺术服务可以衔接公共利益和商业利益，有助于产业链的形成并吸引本地和外地大量消费者。因此，艺术团体通常可以与财力雄厚的机构合作，由其他机构来进行商业运作从而保障演艺建筑设施的顺利进行。

8.3.1.2 资金运转特征

常见的较为单纯的住宅开发或商业开发，都是混合使用开发的一个组成部分。因此不论任何类型的混合使用开发项目由于涉及多方面使用功能，为了达成产业集聚的效果，其总的建设量和投资规模都是较为庞大的。而由于剧场、音乐厅这些功能的介入，常会给开发主体带来更大的资金压力。

（1）前期投入较大

由于演艺建筑混合使用开发项目通常需要大面积的建设用地，在一级开发过程中，涉及征地、拆迁、安置补偿以及大规模的市政配套设施建设。虽然这一过程可以通过分阶段开发缓解一次投入的资金压力，但也需要面临部分前期启动项目实施过程中及至竣工运营带来的周边土地增值，及由此引致的更多拆迁补偿等问题。对于二级开发，也可能遇到土地增值的衍生问题，另外由于参与主体较多，可能由于多方利益协调，错过更为合理的价格。另一种情况是前期一次性购买大面积土地，这样可以很大程度上避免土地增值带来的其他困扰。但这种方式前期资金的成本会更为巨大。

（2）运营、维护成本较高

在混合使用开发项目中，表演艺术的存在会引起项目经济结构变化，某些特定的表演形式需要配套专业的表演设施，这样的设施往往价格不菲，而对该设施的维护和保养也要占掉相当一部分的资金。因此，项目资金分配需要从整体性、全面性和实用性考虑进行调整。对表演艺术活动充分了解，制定针对性的设计方案，设定专属资金用于相应表演设施的构建和维护，才能让开发方案顺利进行。在项目前期策划阶段，就需要对表演活动的资金特征和资金分配方式予以足够的重视。

（3）资金回报风险

主体建筑的竣工并不代表开始盈利，表演艺术如果达到吸引很多商业消费者的目的，需要吸引相当规模的观众群体，在文化艺术欣赏水平普遍较高的发达城市，可能已经具备了一定规模的高雅艺术观众群。这一条件下如果演出效果好，即可快速吸引大量的商业消费者。对于观众群体较小的城市，则需要一定的培养周期，即具备越多艺术知识的观众才越有可能喜爱高雅艺术演出。当表演艺术能够吸引足够多观众的时候，以表演艺术为核心的产业链才能发挥预期的效力。表演艺术活动对项目的资金和管理结构也有很大的影响，因为一个剧目是否受到观众喜爱是较为不确定的，这无疑会增加项目盈利的风险。在整体开发中，表演艺术功能不产生足够的盈利，这增加了项目整体经济风险。同时，表演艺术对项目整体的经济贡献难以准确衡量，这就导致各部分功能在成本分配和风险承担方面变得更为复杂。

8.3.1.3 开发周期特征

演艺建筑混合使用项目按照规模划分成三个等级：混合使用建筑、混合使用地块以及混合使用艺术区。相比于一般性商业开发项目，演艺建筑混合使用项目不仅仅是添加了演艺类功能，更重要的是通过演艺业的介入形成了新型的、混合使用的产业结构。因此，不论上述任何一种规模的开发，都比相同规模的一般性商业开发消耗更多时间。

（1）项目前期策划与论证过程较长

因为表演艺术活动的前期准备工作耗时长、涉及范围广，参与项目的各方面单位，包括开发商、城市主管部门和艺术团体需要花费大量的时间商讨针对表演艺术的定位，以确保方案的艺术性、观赏性和收益性相统一，在保证艺术活动正常运行的情况下获得良好的收益。因此，包括表演艺术的混合使用开发项目比一般的项目需要消耗更多的前期策划周期。另外一方面，由于多方单位介入，在合作与分工过程中，各方的责任分担、资金或资源付出以及各方利益回报这些问题的平衡经常需要漫长的谈判。

（2）项目建设周期长

演艺功能的加入最表象的影响就是项目规模，单就一个 1500~1800 人的"品"字形舞台歌剧院来说，其涉及的基本功能用房面积就在 1.5 万 ~2 万平方米。而且土建施工难度大、设备安装、调试都更耗费时间。如果要形成完善的产业链并达到一定的产业规模，需要配套的商业设施、居住类建筑等等需要逐步推进。对于不同地块的开发和艺术区这样庞大的开发计划，常常分阶段开发，有时会经历经济萧条期。

达拉斯艺术区总建筑面积约 140 万平方米，从 1970 年代末开始项目发起，主要剧场建筑于 1980 年代中期开始陆续建设。及至 2009 年，共经历约 40 年，才完成原先规划的迁移至该区域的主要文化艺术类建筑的建设。

（3）项目变更的不确定性

演艺建筑混合使用开发项目的多主体特征、资金分配的难度和较长的开发周期这些特点都会引发项目在实施过程中存在不确定性。有时，随着项目的发展，主导者会发生变化，项目的定位或某些设想也会随之发生变化。有时，随着开发进程逐步展开，项目吸引力逐渐显露，会有其他资金或强势部门中间介入谋求利益。即便没有外部因素的影响，在拥有众多参与者的庞大项目开展过程中，不同参与主体之间的利益协调也会经常引起项目的局部变化。

8.3.2　演艺建筑混合使用开发的特殊性

8.3.2.1　公共利益与商业利益的统一

由于表演艺术的介入，整体项目的管理变得更为复杂，需要将发展艺术特色和获得收益两个方面协调平衡，这是普通项目不需要考虑的一种特殊的协调过程。因此，包含表演艺术的混合使用开发项目在规划和实施准备阶段要更加细致和认真，明确各方责任，保证其协调稳定发展。这通常需要有效的营销方案，通过特色、创意相结合的方式占据市场份额。抛却城市形象与活力、投资回报这些主观意愿的诉求，商业租赁经营者和移居到此的居民也有各自对环境等方面的独特需求。而所有环节中，能否吸引大量消费者或观众是项目成败的关键因素。商业经营者和居民会最终"用脚投票"判定整体项目是否成功。

需要注意的是，不论由任何机构或单位作为发起方，演艺建筑混合使用开发项目都不应忽视其公共属性，应该确保公共利益与商业利益相统一。在建设和管理中演艺设施通常采用较低建筑密度，并为城市留出足够公共活动空间。有时还需要考虑历史建筑等限制性因素，项目成本必然会相应增加。项目开发的过程也是促进城市环境整体发展、重振城市活力的过程。因此，这些相对于一般商业开发所额外增加的成本，大部分相当于购买城市公共效益的支出。

8.3.2.2　多方参与单位的协同工作

不论由哪方面单位作为开发主体，都难以具备项目整体需要的全面要素。项目的主导者和参与者都有着自己倾向的利益诉求。由于开发主体利益诉求的多元化，演艺建筑混合使用项目开发过程较一般开发项目相对复杂。带有表演活动的项目往往不具有普遍性，需要针对不同项目制定个性化的方案。这就要求在项目的发起和策划阶段，需要建立良好的多方沟通机制。只有多方达成共识，形成切实可行的策略才能保证开发的顺利进行。这其中需要通盘考虑各方面成员的构成、开发的分期、成本的控制、管理的效率以及不可预知的变化。开发策略的基本概念要做到规划理念清晰、开发要点突出，这样才能够充分激发参与者的主动性，更广泛地发动社会资源。有时，开发策略并不是一成不变的，随着规划设计的改变，开发策略也需要做出相应的调整。

总而言之，演艺建筑混合使用开发项目往往会持续许多年。行之有效的管理是项目开发的保障，系统性、实效性的管理能确保项目顺利完成。在这个过程中，项目发起人需要作为主导者对各个相关事宜进行协调和调整。

8.3.3 我国演艺建筑混合使用开发要点建议

8.3.3.1 坚持政府主导

一方面，政府主导有利于平衡商业利益与公共利益。混合使用开发应以多方受益、利益共赢为最终目的。特别是包含演艺建筑的混合使用项目更应该兼具公共利益与商业利益。但在由单纯私人为主体进行的混合开发项目中，通常以追求商业利益最大化为目标，忽视了公共效益。这种模式对于策划与设计要求较高的演艺建筑混合使用项目来讲是十分不利的。而政府的主导地位将有利于对开发商的不当行为进行必要的约束，对项目策划和设计的核心价值进行把控和指导，从而保障混合开发的质量，使混合开发能够发挥起真正的优势。

另一方面，政府主导有利于提高开发效率与投资热情。演艺建筑混合使用项目往往存在着占用资金多、设计周期长、资金回收慢等问题，从而导致开发商的热情不高。很多这类项目特别是涉及旧区更新的项目，常常存在着土地权属复杂、多方利益诉求矛盾、公众配合障碍、基础设施条件障碍等一系列问题。这些问题如果无法得到有效解决则会严重影响项目开发的效率，甚至使整个开发计划流产。而以上的诸多问题不是某个企业可以解决的，这就需要政府在维护公众利益的前提下，对有利于城市发展的混合开发项目给予土地、规划、税收、补偿等经济、政策手段来鼓励并引导私人开发商对公共文化设施的投入，保障投资收益并提高投资热情，从而促进城市建设更好更快的发展。

8.3.3.2 提升公众参与

理想的城市建设应以公共利益的最大化为核心目标，公众应该是城市发展的最大受益者和决策者。同样在演艺建筑的混合使用开发中应充分考虑公众的建议与诉求，广泛地征求公众意见，加强公众参与程度。我国目前的城市建设中已经有诸如向市民公示、有市民代表参与的听证会等制度和管理条例，但在实践过程中，广大市民在决策环节仍难以发挥应有的影响力。如果对于具体项目市民意见与决策结果相悖，则经常会引发各种社会矛盾影响社会安定团结。尤其是对于包含演艺建筑的混合使用开发项目通常规模大、影响广，容易引发诸如文物保护、市民生活、产业布局等更广泛方面的问题。公众情绪会反作用于项目进展，从而使原本多方共赢的愿望变成两败俱伤的僵局。所以，在追求公平、民主的社会大背景下，公众参与必将在各类开发建设中起到至关重要的作用。演艺建筑的混合使用开发作为公共服务设施开发的一种方式对公众的参与程度的要求应该更高。其项目前期的论证与定位应基于公众需求的广泛征询，后期的建设开放应接受公众的管理和监督，公众参与应贯穿整个开发过程。

8.3.3.3 功能互相干扰与人群排他性

表演艺术活动与区域发展相辅相成，互相影响。表演活动会增加该区域的文化氛围，提高人们的生活水平，加大相关建筑和设施的使用率。但与此同时，与表演活动相生相伴的零售、休闲和娱乐功能对该区域的居住功能可能产生干扰。演艺产业的衍生行业，例如手工艺制作、艺术品加工等带有工业色彩的功能，也可能对环境造成一定影响。因此，混合使用开发与环境保护如何协调、统一、有机的发展是开发过程中需要面对的重要问题。

文化、办公、居住、商业等多种功能的混合开发有利于减少汽车使用、降低交通成本、使公共设施更加便捷，这符合了大多数人的利益。但是在不同人群之间也会具有排他性，通常表现为不希望与自己活动习惯不同的人群共处。人们希望自己的生活环境具有丰富的功能和便捷的服务，同时更惧怕各种人群之间的干扰，以至于更加倾向同质的环境。在混合开发的区域中，人群之间的排他性是不可完全避免的，这就需要公共管理部门及时干预，从空间建设和日常管理层面减少各种活动之间的相互干扰，减少人们对于混合使用的担忧。另外需要加强包容性文化的建设，运用软实力来疏导人群之间的排他心理，建设和谐文明的生活环境。

8.4 本章小结

表演艺术以其"集体收益"特征，对整个社会有着多方面的贡献。因此世界上主要发达国家都通过不同的政策措施对表演艺术的发展加以支持。我国长期以来对待表演艺术的总方针倾向于注重其教化属性而轻视其娱乐属性。这在特定历史时期有着重要的意义，但过分强调教化属性难于与新世纪以来的文化产业化路线相符合。对"雅"、"俗"的讨论并非要否定演艺的教化功能，而是要走上一条"雅"、"俗"共赏，"雅"、"俗"并举之路。另一方面，我国近年来对于演艺建筑的支持往往采用直接投资的方式。这对于文化事业发展固然可以立竿见影，但却容易为地方财政背上沉重的包袱。所以，我们可以借鉴发达国家混合使用开发的成功经验，降低政府包办，拓宽包括外资、民营在内的多种资金来源。推动演艺建筑混合使用发展，地方政府在城市土地、城市规划方面的政策、法规引导起着至关重要的作用。基于演艺设施对城市的整体贡献，城市主管部门可以在土地税和土地价格方面给予优惠。另外，我国当前城市规划相关法规对于多种功能混合使用的项目开发也存在不相适宜的地方。与西方国家的区划法和美国 1960 年代的混合利用区概念相比较，目前我国规划中对于土地使用性质的划分和变更仍不够灵活，相关法规依据和技术标准仍不够完善。

演艺建筑混合使用项目的开发过程较之常规开发更为复杂，有包括城市政府、演艺团体在内的更多的合作单位，有更为复杂的功能需求以及决策过程。因此，在开发之前确定项目主导单位，建立多方协作和决策机制以及明确投资和产权分配等问题显得十分重要。我国在推进这类开发中，需要注意以下几方面问题：

首先，由于演艺建筑混合使用项目利益目标多元性，开发商经济利益与城市整体利益之间容易产生矛盾。片面重视经济效益并不是混合使用的核心意义。因此，这类开发仍然应该坚持从城市整体利益角度出发，坚持政府在其中的主导作用。但是，仅由政府为主体包揽项目决策是不够的。演艺建筑混合使用的项目由于其规模大、周期长、文化作用巨大而对社会形成广泛影响。封闭的审批程序往往无法照顾市民实际的意见和需求。因此，要提升公众的参与，获得公众的支持，才能使项目更成功。另外，混合使用的项目难以避免的问题就是功能的互相干扰，这需要特别注意。

第9章

结　语

20世纪90年代末到21世纪初期，我国经历了一段时间"大剧院"热潮，随着很多省级大剧院的落成，这股风潮近几年有所放缓。而另一股"剧场区"的热潮又在暗流涌动，即以纽约百老汇和伦敦西区为理想的剧场集聚区建设潮流。2009年，上海在静安区开始实施"现代戏剧谷"之后，以北京地区剧场区建设的一些新闻为例：海淀区拟在四季青附近兴建国家排演场理念的剧场集聚区；北京东郊焦化厂也致力于打造中国百老汇；2011年东城区拟由金融街投资集团投资150亿元，10年内建成拥有50个剧场的天桥演艺区；天坛演艺区拟由港中旅集团投资300亿，在近59万平方米的用地内建设剧场区，今后两年内一次性新建16座剧场等等。

反观西方国家的剧场区，全美国声名鹊起的也只有纽约百老汇一区，以伦敦数百年戏剧的辉煌也仅依托皇家基础形成伦敦西区一地。日本不仅较好地吸收了西方戏剧、音乐的精髓，本国传统能乐演出等也广受欢迎，而全日本也仅东京剧场区规模值得称道。可以说，形成一个知名剧场区，不仅要有大量的演艺建筑，更重要的是足以吸引全国乃至世界范围内观众的剧目，以及无数喜爱现场演出艺术的观众的支持。然而，当前我国现有部分剧场仍然存在经营不合理、演出内容质量偏低等问题，直接导致部分剧场设施空巢化。

可以说，我国以如此大力度进行文化设施建设，某种程度上是对近年来国家大力发展文化事业、文化产业的一个积极的回应。但是，任何一种文化、艺术的繁荣都需要一整套生态系统的支持。不论是"大剧院"还是"剧场区"热潮，其实是一种建设模式的描述。这种单纯大量建设纯粹的演艺设施，而无视现实经营窘境，难免让人形成空中楼阁的印象。

因此，本书引介了将演艺建筑纳入混合使用开发的建设模式，为我国演艺建筑建设提供一种新的思路。尤其是在需要提升演出剧目质量、锻炼演出团体、培养观众群体的今天。这种模式通过混合使用中其他功能营利的支持，剧场可以降低一定的对于票房、场租依赖，为艺术团体和受众提供充分的时间进行交流，为我国演艺业的整体提升夯实基础。

党的十七届六中全会精神和"新36条"的颁布是促进本书研究的另一个原因。近年来，党和国家的多个方针、政策都十分重视鼓励私营资金进入文化领域。混合使用的开发模式也有利于私营资金的介入。这在国内常常以酒店、办公、商业综合体中加入演艺设施的面目出现。私营资金直接投资于表演艺术往往需要丰富的专业经验，这是大多数企业所不具备的，因此具有较大风险。而通过混合使用的方式，则可以通过其他设施降低这种风险。如果再有城市主管部门的支持，就有可能形成多赢的局面。

基于以上状况，笔者着力探讨了以下几方面问题：

（1）摆脱既往研究中对于功能空间合理性的思维范式，尝试从演艺建筑模式角度解决演艺建筑中普遍存在的经营负担问题。我国当前演艺建筑经营困难现象较为普遍，尤其是国家大剧院建成以来，各地纷纷效仿，投入巨大财力建设了大量演艺中心性质的演艺设施。而这些演艺设施在运营过程中，较少能够通过自身商业运作和票房收入实现收支平衡，使地方政府背负了沉重的财务压力。针对这一问题，笔者将传统功能空间的研究思路归为"节流"，进而提出"开源"的思路。如何能达成这一目的，在市场经济和文化产业化的大背景下，分析表演艺术行业特色成为一种必然。

笔者引介艺术经济学相关理论，从表演艺术的生产力滞后现象出发，肯定了演艺建筑不具备常规文化产业的规模效益。虽然美国百老汇或者世界范围内很多知名演艺团体都有很强的盈利能力，至少不需要政府补助。而这种盈利能力与常规文化产业的盈利模式有很大不同。例如电影行业的院线制度可以使新作品的拷贝迅速传播到全世界观众的面前，电影演员用几个月时间拍摄一部电影之后全世界的观众都可以同时享受。而表演艺术的现场性却限制了这一点，因为艺术家只能在特定时间特定场合为有限观众服务。这一分析是本书"开源"思路的基础。正是在此基础上，形成了引介混合使用概念，即以产业间协同互助为表演艺术提供资金支持的思路。

（2）对当代西方演艺建筑混合使用趋向的形成和特征进行剖析。城市、演艺、开发机构三者利益共赢是当代演艺建筑混合使用开发日趋活跃的根本动力：城市可以向开发机构提供有利的土地和政策，而城市需要表演艺术提振城市活力；表演艺术受阻于生产力滞后需要资金援助，而健康发展的演艺业可以为城市带来诸多好处也可以为周边产业带来消费人群；开发机构需要土地和大量的人群，同时可以为表演艺术注入资金。进而研究了演艺建筑混合使用的产业模式、空间策略、城市价值三方面问题。

（3）提出我国当前推动演艺建筑混合使用发展的策略建议，为我国今后的演艺建筑建设提供参考。推动演艺建筑混合使用发展，首要的是国家对表演艺术的政策支持，表演艺术对于全社会有着独特的贡献，作为公共品，应当受到政府支持。如果过度轻视演艺建筑的娱乐性、商业性，就会使更多的剧场建成"清高的纪念碑"。政府支持的方式也十分重要，既往政府对于演艺建筑常常采用直接投资。不仅容易让地方政府背负沉重的财政负担，这种直接投资的方式还容易将建筑塑造成直接空降到城市的感觉。其次，我国城乡规划相关政策法规在开发方面目前有一定不适应性，演艺建筑的混合使用开发与常规的混合使用开发较为不同。主要体现在项目周期长、投入资金大、利益关系众多等方面。针对我国现状，笔者提出积极吸引私营资金、坚持政府主导、提升公众参与三方面建议。

笔者对于西方演艺建筑混合使用项目的研究更多的是一种基于现象、案例的分析和探讨。从产业结构和组成、建筑和城市空间以及社会、经济价值三个主要角度为切入点进行研究。然而，促成这一倾向形成的条件远不止这些，仍有很多较为重要的问题没有展开。而这些关于问题的研究可能需要更多相关学科背景的研究者加以完善。以下列举几个方面：

（1）艺术资助与艺术独立性

在笔者选取的部分美国案例中，屡次提及出现企业捐助、市民捐助甚至城市政府发行公债作为启动资金。可见，美国对于艺术资助的方式非常多样化。笔者认为这种发动社会各界力量，共同努力改造城市艺术环境的思路十分值得我国学习。然而，如何能够保证各种类型捐助得到合理使用，笔者并没有展开。将演艺建筑纳入混合使用开发将使整个项目的财务关系变得十分复杂。不仅有众多单位的参与，不同的参与方又有着不同的利益诉求。而其中演艺功能可以说在建设和运营过程中都是需要大量资金支持的，其本身盈利能力很弱。在这种背景下，西方演艺建筑混合使用项目中，演艺团体常常能够保持自身的独立性和对艺术追求的纯粹性。反观我国，资助方对艺术有许多干扰，在冠名、肖像、宣传甚至演出内容方面，这种差别形成的原因是个值得深入探讨的问题。

（2）吸引投资的相关政策、法规研究

在土地开发方面，西方城市土地大多属于私有财产，这某种程度上对于演艺建筑混合使用项目的开发会造成一些困难。例如在本书的案例中，经常会有因为项目筹备时间过长，土地价格上涨，而导致项目几乎留于空想。也有热心的企业家将自己的土地捐献给城市造福社会的案例。但大部分项目中，土地置换、购买是一个必经过程。城市主管部门为了引导私人资金或土地为以艺术为代表的城市整体利益服务，常会提出一些优惠措施，例如本书提到的上空权转让。另外，类似的优惠政策还体现在税收方面，如经营税、所得税等。通过相关政策支持，刺激他们的投资、慈善热情。这些优惠的政策，包括土地交易、税收、冠名权、经营权等很多方面。将私人资金引导向盈利能力较弱的表演艺术，可以说无法离开这些优惠。对于这些政策、法规的研究，笔者也没有展开深入讨论。

（3）项目后期管理研究

多种功能相互协作、密切配合固然能够创造更好的社会环境和盈利能力。但如果其中一部分出了问题，则可能对项目整体产生牵一发而动全身的影响。因此，演艺建筑混合使用项目的后期管理是一个较为复杂而重要的问题。这一方面由于多种功能混合可能带来的功能之间的干扰。另一方面，不同功能有着不同的权属，有不同的盈利模式，有不同的盈利周期。还有，在项目运营过程中还会发生产权变更、经营权变更等情况。如果管理不善，常常会造成啼笑皆非的结果。例如英国学者在对某个城市混合使用区域的研究中，发现虽然街区新增的酒吧、零售等设施使得该地在夜晚也人头攒动。在大多数案例中，这样的街区应该更加安全。但由于当地人常喜欢酗酒，造成当地街头醉汉数量剧增。

演艺建筑混合使用开发的实践在 1980 年代后的美国逐渐增多，由于项目建设过程普遍冗长，很多项目建成至今时日尚短，即使是实践者对后期管理问题也没有充分的经验。如达拉斯艺术区从 1970 年代末开始到 2009 年才近乎完成，其后期管理目前难以总结出经验教训。因此，对于这方面的研究，目前国外学者也没有较为翔实、完善的成果问世。

我国近年来越来越重视引介私营资金进入文化、艺术领域。"新 36 条"和"十二五规划"中，对这一问题均有强调。虽然具体的措施仍在逐渐形成中，总体上仍为演艺建筑混合使用发展创造了条件。笔者研究侧重对西方这一发展倾向的分析和探讨，并作为对我国的借鉴，提出推进这一模式的一些策略建议。在这其中，仍遇到很多困难。

一方面，国内当前演艺建筑混合使用开发的实践较少。对于这些实践中出现的具体问题，难以通过归纳和梳理，来判断其属于个案还是共性问题。笔者列举的案例中，一些城市主管单位的态度和支持力度成为影响项目成败的关键。有时一个项目的成功，究其根本在于社会各界给予的巨大支持，不具有可复制性和普遍意义。所以，对于案例的研究还需更多实践案例支撑。

另一方面，笔者在调研过程中，遇到部分剧场对实际经营状况的遮掩，由于经营数据涉及商业安全，因此在调研中常难以辨明真相。当前国内一些剧场已经开始了多种经营模式的操作，通过其他资金资助表演艺术。我国目前有些剧场有这种需求、有这种能力。但实施起来却步履维艰。可以说，在笔者多年调研过程中，充满了类似的情况，这一现象笔者也会进一步关注。

参考文献

（美）奥莎利文 . 2008. 城市经济学 . 周京奎译 . 第 6 版 . 北京：北京大学出版社 .

（巴西）奥古斯都·波瓦 . 2000. 被压迫者剧场 . 赖淑雅译 . 台北：扬智文化事业公司 .

北京市建筑设计志编纂委员会 . 1994. 北京建筑志设计资料汇编 .

贝文力 . 2004. 大剧院的故事——叩开世界著名剧院的大门 . 上海：华东师范大学出版社 .

鲍其隽，姜耀明 . 2007. 城市中央商务区的混合使用与开发 . 城市问题，（09）：52-56.

车文明 . 2005. 中国神庙剧场 . 北京：文化艺术出版社 .

蔡鹤年 . 2006. 打造中国的京剧剧场：梅兰芳大剧院创作随笔之一 . 建筑创作，（09）：117.

陈一新 . 2006. 中央商务区（CBD）城市规划设计与实践 . 北京：中国建筑工业出版社 .

陈蕴茜，齐旭 . 2008. 近代城市空间重组中的精英文化与大众文化——以江苏南通更俗剧场为中心的考察 . 江苏社会科学，
（06）：189.

陈叶萍 . 2010. 基于价值链的国内旅游演艺企业核心竞争力研究 [硕士学位论文] . 上海：上海师范大学 .

（英）安格斯·迪顿，约翰米尔鲍尔 . 2005. 经济学与消费者行为 . 龚志民等译 . 北京：中国人民大学出版社 .

方顿 . 1997. 独一无二的洛克菲勒中心 . 世界建筑，（02）：64.

郭羿承 . 2004. 国际艺术授权及其发展趋势年：中国文化产业发展报告 . 北京：社会科学文献出版社 .

国家文物局 . 2006. 中国文物地图集：山西分册（上册）. 北京：中国地图出版社 .

韩韫娇 . http://blog.zhulong.com/u/4655876/detail4319404.htm.

（美）赫希曼 . 1991. 经济发展战略 . 潘照东，曹征海译 . 北京：经济科学出版社 .

黄鹭新 . 2002. 香港特区的混合用途与法定图则 . 国外城市规划，（6）：49-52.

胡惠林 . 2003. 文化政策学 . 上海：上海文艺出版社 .

胡惠林 . 2005. 文化产业概论 . 昆明：云南大学出版社 .

胡锦涛 . 2007. 高举中国特色社会主义伟大旗帜为夺取全面建设小康社会新胜利而奋斗——在中国共产党第十七次全国代表大
会上的报告 [R/OL]. 新华网,（2007-10-24 ）[2011-11-23].http://news.xinhuanet.com/newscenter/2007-10/24/content_
6938568.htm.

胡锦涛,2011. 中共中央关于制定国民经济和社会发展第十二个五年规划的建议 [R/OL]. 新华网,（2010-10-27 ）[2011-11-28].
http://news.xinhuanet.com/politics/2010-10/27/c_12708501.htm

花建 . 2008. 区域文化产业发展 . 长沙：湖南文艺出版社 .

黄毅 . 2008. 城市混合使用建设研究 [博士学位论文] . 上海：同济大学 .

江泽民 . 1997. 高举邓小平理论伟大旗帜，把建设有中国特色社会主义事业全面推向二十一世纪——江泽民在中国共产党第
十五次全国代表大会上的报告 [R/OL]. 新华网，（1997-9-12）[2011-10-22].http://news.xinhuanet.com/ziliao/2003-
01/20/content_697189.htm.

江泽民 . 2002. 全面建设小康社会，开创中国特色社会主义事业新局面——在中国共产党第十六次全国代表大会上的报告
[R/OL]. 新华网，（2005-01-11）[2012-01-21] http://news.xinhuanet.com/newscenter/2002-11/17/content_632285.htm.

靳紫威，侯军祥，王志敏．2008．旅游剧场的基本特点与创作探析．华中建筑，（12）：28-32．

贾玉洁，孙宗列．2009．传统文化的缩影——梅兰芳大剧院．工程建设与设计，（12）：16．

廖奔．1997．中国古代剧场史．郑州：中州古籍出版社．

李畅．1998．清末以来的北京剧场．北京：燕山出版社：54-267．

李道增．1999．西方戏剧·剧场史（上）．北京：清华大学出版社．

李道增，傅英杰．1999．西方戏剧·剧场史（下）．北京：清华大学出版社．

林箐．2002．空间的雕塑——艺术家野口勇的园林作品．中国园林，（02）：51．

李怀亮，闫玉刚．2006．当代国际文化贸易宗论（下）．河北学刊，1（26）：110．

卢向东．2009．中国现代剧场的演进——从大舞台到大剧院．北京：中国建筑工业出版社．

刘伯英．1991．国外城市的混合使用中心．世界建筑，（04）：24-25．

刘晓明，方世忠．2010．都市戏剧产业：国标对标和中国案例．上海：上海文化出版社．

刘海燕．2011．各国文化产业化探析——推动经济增长的"新思维"[M/OL]．新华网，（2011-11-07）[2011-12-27].http://
  news.xinhuanet.com/world/2011-11/07/c_111151184_1.htm．

孟元老．2001．东京梦华录卷二．山东：山东友谊出版社．

（美）刘易斯·芒福德．2005．城市发展史：起源、演变和前景．宋俊岭，倪文彦译．北京：中国建筑工业出版社．

马钦忠．2010．公共艺术的制度设计与城市形象塑造：美国——澳大利亚．上海：学林出版社．

迈克·E.波特．2000．簇群与新竞争经济学．郑海燕，罗燕明译．经济社会体制比较，（02）．

彭飞飞．1987．美国的城市区划法．国外城市规划，（02）：2．

清华大学土木建筑系剧院建筑设计组．1960．中国会堂剧场建筑．

钱学敏．2009．城市购物与休闲消费空间研究——以上海为例 [硕士学位论文]．上海：华东师范大学．

翟强．2010．城市街区混合使用开发规划研究 [硕士学位论文]．武汉：华中科技大学．

阮小华．2007．创意舞台创造价值——宋城大剧院舞台设备的设计与应用．演艺设备与科技，（02）：51．

史云．1987．圣迭戈市霍顿广场．世界建筑，（4）．

孙施文．1997．城市规划哲学．北京：中国建筑工业出版社．

桑赛尔尼．2004．文化产业和发展中国家：文化与民族认同——世界文化产业发展前沿报告（2003-2004）．北京：社会科学
  文献出版社．

（美）史蒂文·蒂耶斯德尔，蒂姆·希思，（土）塔内尔·厄奇．2006．城市历史街区的复兴．张玫英，董卫译．北京：中国建
  筑工业出版社．

石岩．2008．梅兰芳大剧院改制周年记——主打戏曲金字招牌压轴 [J/OL]．中国宁波网，（2008-12-01）[2011-11-07].http://
  ent.cnnb.com.cn/system/2008/12/01/005896819_01.shtml．

（美）斯内德科夫．2008．文化设施的多用途开发．梁学勇，杨小军，林璐译．北京：中国建筑工业出版社．

覃力，王丽娟．2009．深圳观演建筑实态研究．城市建筑，（09）：17-20．

沃尔夫．2001．娱乐经济——传媒力量优化生活．黄光伟，邓盛华译．北京：光明日报出版社．

吴自牧．2001．梦梁录．傅林祥，注．济南：山东友谊出版社．

王敏，田银生，袁媛 . 2005. 基于"混合使用"理念的历史街区柔性复兴探讨 . 中国园林，（04）：57-58.

吴晨 . 2005. 文化竞争：欧洲城市复兴的核心 . 瞭望，（2）.

谢大京，一丁 . 2007. 演艺业管理与运作 . 上海：上海音乐出版社 .

邢琰 . 2005. 政府对混合使用开发的引导行为 . 规划师，（7）：76-79.

薛林平 . 2009. 中国传统剧场建筑 . 北京：中国建筑工业出版社 .

青木正儿 . 2010. 中国近世戏曲史 . 王古鲁译著，蔡毅校订 . 北京：中华书局 .

徐轩轩，胡斌 . 2010. 混合：城市街区的多元化营造 . 武汉：武汉理工大学学报，（24）：76.

（英）亚当·斯密，1972. 国民财富的性质和原因的研究 . 郭大力，王亚南译 . 北京：商务印书馆 .

杨宽 . 1993. 中国古代都城制度史研究 . 上海：上海古籍出版社 .

杨雪 . 2010. 小剧场：从先锋、商业到公益之路 [N/OL]. 人民政协报，（2010-11-01）[2011-12-23].http://www.chinanews.
com/cul/2010/11-01/2625963.shtml.

袁华祥，袁勇 . 2010. 雕塑语言在景观设计中的运用 . 艺术与设计，（07）：84.

周岚 . 1992. 谈城市土地混合使用 . 城市规划，（2）：61.

张自强，杨问春 . 1994. 轶事旧闻忆梨园 . 民俗研究，（2）.

张长立 . 2004. 产业集聚理论探究综述 . 现代管理科学，（12）：33.

张三明，俞健，童德兴 . 2009. 现代剧场工艺例集：建筑声学·舞台机械·灯光·扩声 . 武汉：华中科技大学出版社 .

翟强 .2010 城市街区混合使用开发规划研究 [硕士学位论文]. 武汉：华中科技大学 .

中宣部文化体制改革和发展办公室，文化部对外文化联络局 . 2005. 国际文化发展报告 . 北京：商务印书馆 .

中国戏曲志编委会 . 1997. 中国戏曲志——浙江卷 . 北京：中国 ISBN 中心 .

Anon. 1888. Another Big Building Project. Chicago: Chicago Tribune.

Atlanta Regional Commission. 2011. Quality Growth Toolkit: Mixed-Use Development. Atlanta, (09): 3.

Benevolo Leonardo. 1967. Origins of the Modern Town Planning. Boston: The M.I.T. Press.

Brian Carl Clancy. 2005. An architectural history of grand opera houses: Constructing cultural identity in urban America
from 1850 to the Great Depression. New Brunswick: The State University of New Jersey: 2.

Bruce R. Hopkins, 2007. Planning Guide for the Law of Tax-Exempt Organizations. New York: Wiley.

Clark David E, Kahn James R. 1988. The Social Benefits of Urban Cultural Amenities'. Philadelphia: Journal of Regional
Science, 28(3): 363-377.

Chades Moore. 1993. Plan of Chicago. New York: Princeton Architectural Press.

City of Melbourne, City Research, 2005, City Users Estimates and Forecasts Model(1998-2015), Melbourne City Council,
Melbourne: 7.

Dankmar Adler. 1892. The Chicago Auditorium. NY: Architectural Record: 415.

Dean C. 1892. The World's Fair City and Her Enterprising Sons. Chicago: United Publishing Co.: 220-240.

Dankmar Adler. 1988. Foundations of the Auditorium. Chicago: Inland Architect and News Record: 31-32.

Dominic Shellard. 2004. Economic impact study of UK theatre. South Yorkshire: University of Sheffield: 4.

Eric Thompson, Mark Berger, Glenn Blomquist, et al. 2002. Valuing the Arts: A Contingent Valuation Approach. Journal of Cultural Economics, 26(2): 87–113.

Ernest Goss, Sally Deskins, Sarah Brandon. 2007. The Economic Impact of Nonprofit Performing Arts on the City of Omaha. US: The Peter Kiewit Foundation: 25, 27.

Frank A Randall. 1999. History of the Development of Building Construction in Chicago. 2nd ed. Urbana, IL: University of Illinois Press: 216.

Florida, Richard. 2002. The Rise of the Creative Class. New York: Basic Books.

Harold R. Snedcof. 1985. Cultural Facilities in Mixed Use Development. California: Urban Land Inst: 281.

Herzog, De Meuron. 2009. Elbe philharmonic hall in Hamburg[J/OL]. Design boom, (2009–08–09)[2011–11–25].http://www.designboom.com/weblog/cat/9/view/7509/herzog–de–meuron–elbe–philharmonic–hall–in–hamburg.html.

Hector D' Espouy. 1999. Greek and Roman Architecture in Classic Drawings. 2nd ed.New York: DOVER PUBLICATIONS INC.

Hilary Anne Frost Kumpf, 1998. Cultural Districts : The Arts As a Strategy for Revitalizing Our Cities.Washington: Americans for the Arts.

Insull. 1916. Public–Utility Commissions and Their Relations with Public–Utility Companies. Speech delivered, (5): 65.

Insull. 1927. 42–Story Theatre to Cost Twenty Millions. Speech delivered: 3.

Ian Appleton. 2008. Buildings for the Performing Arts: A Design and Development Guide, 2nd ed. Oxford: Architectural Press: 91–93.

James H Mapleson. 1888. The Mapleson Memoirs, 1848–1888. New York: Belford, Clarke & Co., (2): 30–31

John J Glessner. 1910. The Commercial Club of Chicago: Its Beginning and Something of Its Work. Chicago: 190.

Jane Jacobs. 1961. The Life and Death of Great American Cities. London. Jonathan Cape.

Justin O Connor. 1999. The Cultural Production Sector in Manchester research and strategy. Manchester City: Manchester Institute for Popular Culture: 4.

James Heilbrun, Charles M. Gray. 2001. The Economics of Art and Culture. England: Cambridge University Press: 15.

Joseph M Siry. 2002. The Chicago Auditorium Building: Adler and Sullivan's Architecture and the City. Chicago: University of Chicago Press: 14–191

Jill Grant. 2002. Mixed Use in Theory and Practice. Michigan: APA Journal, (68): 71–84.

Jan Theo Bakker. 2003. The Theatre at Ostia Antica[J/OL]. Italy. http://www.whitman.edu/theatre/theatretour/ostia/introduction/ostia.intro2.htm.

Jay Pridmore, George A Larson. 2005. Chicago Architecture and Design. Harry N Abrams: 58.

Karen Cilento. 2010. In Progress: Elbe Philharmonic Hall / Herzog and de Meuron[J/OL]. ArchDaily.(2010–05–31)[2011–11–05]. http://www.archdaily.com/62374/in-progress-elbe-philharmonic-hall-herzog-and-de-mueron/.

Leland M Roth. 1993. Understanding Architecture: Its Elements, History and Meaning. 1st. Boulder, CO: Westview Press.

Marvin A Carlson. 1989. Places of Performance: The Semiotics of Theatre Architecture. NY: Cornell University Press.

Martin, Fernand. 1994. Determining the Size of Museum Subsidies. Journal of Cultural Economics, 18: 255–270.

Michael Hammond. 2006. Performing Architecture: Opera Houses, Theatres and Concert Halls for the Twenty–first Century. London: Merrell Publishers: 210.

Michael P Niemira. 2007. The Concept and Drivers of Mixed–Use Development Insights from a Cross–Organizational Membership Survey. Research Review, 4(1): 54.

Maggio P D, Kristen Stenberg. 1985 . Why Do Some Theatres Innovate More Than Others? An Empirical Analysis. Poetics, (14): 116.

National Governors Association. 2001. The Role of the Arts in Economic Development. Washington, DC: NGA Center for Best Practices, 6: 1.

Paul Di Maggio, Kristen Stenberg. 1985 . Why Do Some Theatres Innovate More Than Others? An Empirical Analysis. Poetics, (14): 116.

Quaintance Eaton. 1957. Opera Caravan: Adventures of the Metropolitan on Tour, 1883–1956. New York: Farrar, Straus, and Cudahy, 8–13.

Richard Wagner. 1849. Art and Revolution[M/OL]. [2011–03–16] http://users.belgacom.net/wagnerlibrary/prose/wagartrev. htm.

Rene Devries. 1929. Chicago Civic Opera Opens Season with Aida in Its New Twenty–Million–Dollar Home. Michigan: Musical Courier, (9): 26.

Robert E Witherspoon. 1976. Mixed–use Development: New Ways of Land Use. Washington, DC: ULI.

Sherwin Rosen. 1981. The Economics of Superstars. US: American Economic Review, 71(5): 845–855.

Sally Anderson Chappell. 1992. Architecture and Planning of Graham, Anderson, Probst and White, 1912–1936. Chicago: University Of Chicago Press. Transforming Tradition(Chicago Architecture and Urbanism): 222.

Schwanke Dean, Philips Patrick L, Spink Frank, et al. 2003. Mixed–Use Development Handbook. 2nd ed. USA: Urban Land Institute: 56, 97

Spire Realty Group. 2012. Phase I Block Information[M/OL]. [2011–04–20]   http://www.thespiredallas.com/phase–I.

Sergio Porta, Kevin Thwaites, Ombretta Romice, etal. Urban Sustainability Through Environmental Design: Approaches to time–people–place responsive urban spaces. Londen: Taylor & Francis, 2008: 45–87.

Thomas Gale Moore. 1968. The Economics of the American Theater. Durham, NC: Duke University Press: 14–87

Throsby C D, Withers G A. 1979. The Economics of the Performing Arts. New York: St. Martin's: 15.

Tony Travers. 1998. Wyndham Report[R/OL]. [2011–08–23]. http://www.solt.co.uk/about/audience_econ.html.

William J Baumol, William G Bowen. 1966. Performing Arts: The Economic Dilemma. New York: Twentieth Century Fund, 164: 201–207, 479–481.

Wilbur T Denson. 1974. A History of the Chicago Auditorium [Doctoral Dissertation]. Madison: University of Wisconsin–Madison: 140–200.

Wulf Mathies, 1996. Culture and Structural Policies: A Contribution to Employment. Greek: Meeting of Ministers responsible for Regional Policy and Spatial Planning Venice, 5: 3–4.

Yoshiaki Ogura. 1995. HEATERS & HALLS: NEW CONCEPTS IN ARCHITECTURE & DESIGN. Tokyo: MEISEI Publications: 10–166.

后　记

本书是基于我的博士学位论文《当代西方演艺建筑混合使用趋向及对我国的启示》修改、完善而成，仅是对演艺建筑混合使用这一趋向的粗浅分析，意图为我国当前的剧场建设思路抛砖引玉。西方发达国家在文化政策、金融体系和建设、设计模式方面均与我国有着较大的差别。因此，对于西方演艺建筑混合使用的研究存在诸多方面的挑战。在研究过程中离不开学界泰斗的指引和各界同仁的帮助。衷心感谢我的博士导师李道增院士对本人的精心指导。正是李道增先生将我引入剧场研究领域。在实践方面，传授给我宝贵的剧场设计经验；在研究过程中，指导我思考的方法、研究的思路。李道增先生严谨的治学理念和高尚的品格令我受益匪浅。同时感谢李道增先生的夫人石青先生对研究思路和本人生活上的帮助和鼓励。

感谢中央戏剧学院李畅教授对本研究自始至终的无私帮助。李畅先生悉心讲解他早年出访欧洲的亲身经历，为本研究中大量现象背后的谜团提供了解释和线索。同时，我要感谢清华大学庄惟敏教授和卢向东副教授对本研究给予的极大的帮助和极多的关心。正是两位老师无数次的指教和引领，让本研究不论是在逻辑关系，还是内容素材方面都获得更大的丰富。感谢浙江省建筑设计院王亦民先生，不仅对本研究诸多重要内容提出很详细的修改建议，还在百忙之中提供大量详细的资料。感谢文化部艺术科技研究所闫贤良主任和国家大剧院舞台技术部徐奇部长，在剧场研究和论文选题过程中他们都曾经提出很多有建设性的意见和建议。

在本研究开展和写作过程中，很多师长提供了大量宝贵的建议。他们是：我的硕士研究生导师、哈尔滨工业大学刘德明教授，清华大学建筑设计研究院胡绍学教授、季元振总建筑师，及清华大学建筑学院朱文一教授、王丽芳教授。我还要感谢诸位同门师兄、师姐为本研究提出各方面宝贵的建议，他们是崔光海、王悦、程翌、李小妹。最后，特别感谢我的亲人和朋友长期以来对我的支持和鼓励。

彭相国

2014 年 12 月